바다 채소

건강 다이어트를 위한 생활 정보

전파과학사는 독자 여러분의 책에 관한 아이디어와 원고 투고를 기다리고 있습니다. 디아스포라는 전파과학사의 임프린트로 종교(기독교), 경제 · 경영서, 일반 문학 등 다양한 장르의 국내 저자와 해외 번역서를 준비하고 있습니다. 출간을 고민하고 계신 분들은 이메일 chonpa2@hanmail.net로 간단한 개요와 취지, 연락처 등을 적어 보내주세요.

바다 채소
건강 다이어트를 위한 생활 정보

–
초판 1쇄   1991년 06월 15일
개정 1쇄   2023년 06월 13일

–
지은이   오후사 쓰요시
옮긴이   고남표
발행인   손영일
디자인   장윤진

–
펴낸곳   전파과학사
출판등록   1956. 7. 23 제 10-89호
주 소   서울시 서대문구 증가로18, 204호
전 화   02-333-8877(8855)
팩 스   02-334-8092
이메일   chonpa2@hanmail.net
홈페이지   https://www.s-wave.co.kr
블로그   http://blog.naver.com/siencia

ISBN 978-89-7044-602-8(03590)

바다 채소

건강 다이어트를 위한 생활 정보

오후사 쓰요시 지음

고남표 옮김

전파과학사

머리말

일본 사람들은 해조를 매우 좋아하여, 예로부터 친숙했다. 선인들은 일본이라는 특수한 환경과 풍토 속에서, 해조를 많이 먹음으로써, 건강이 유지될 수 있다는 사실을 경험적으로 알게 되었고 그것이 전통으로 전해져 왔을 것이다. 동시에 일본 사람들의 체질은 해조를 잘 받아들이게 되었고, 이를 즐겨 먹을 수 있게 되었다. 장구한 역사 속에서 길러지고, 계승되어 온 전통에 대해서는 그 나름의 의미를 인정해야 할 것이다.

그러나 요즘의 일본 사람들은 이 전통적인 식생활에 대하여 무엇인가 불신감을 느낀다. 더구나 전후(戰後)의 식생활은 서구의 모습으로 바뀌어 가고 있어 일본 본래의 식생활 습관을 경시하는 경향도 생겨났다. 게다가 최근에는 "어머니는 쉬세요"[1]라는 말이 가리키듯이 오믈렛, 카레라이스, 샌드위치, 야키소바(기름에 튀긴 메밀국수), 스파게티, 멘치카츠 등의 식사로 대표되는 정제된 재료를 사용한 가공식품에 길들어 마치 이유식처럼 부

---

1 어머니는 쉬세요: 오믈렛, 카레라이스, 샌드위치, 야키소바, 스파게티, 멘치카츠의 6가지 식품의 일본말 머리 글자를 순서대로 연결하면 "어머니는 쉬세요"라는 일본말이 된다.

드러운 음식물만을 좋아하게 되었다.

그 결과, 언제나 '포식(飽食) 시대'라 일컬어지며 풍요한 음식물에 둘러싸여 있으면서도 비타민이나 미네랄의 잠재적 결핍증이 늘어나고, 게다가 식물 섬유 섭취량의 부족이 쌓여서 이제야말로 '1억 인구 모두가 반환자(半患者)'[2]라는 양상을 나타내고 있다.

또 이러한 섭식 형태는 서구형의 성인병을 증가시켜, 종래부터 있었던 질병에 의한 사망률은 낮아진 대신 새로운 질병에 의한 사망률이 높아지게 되었다. 우리는 이러한 바탕 위에서 건강을 위한 식품으로 해조를 재검토하게 되었고, 이를 활용할 필요가 생겼다.

또한 최근 일부의 해조류에는 장암, 위암, 위궤양 등의 예방에 효과가 있음이 증명되었으며 고혈압, 담석, 심장이나 뇌의 혈관 질환에서도 예방 효과를 기대하고 있다.

최근에 늘어나고 있는 여러 가지 성인병을 예방하는 데도 해조류의 이용은 극히 중요해졌다.

또 해조 공업에 의해서 생산되고 있는 한천, 알긴산, 카라기닌 등의 제품은 우리 일상생활 속에 파고들어 와서 우리의 생활을 매우 윤택하게 해주고 있다. 그러나 해조 공업의 신장을 위해서, 해조 자원을 남획하게 되면 머지않아 자원이 고갈되어 그 산업 자체의 존속까지도 위태롭게 할 뿐

---

2 반환자(半患者): 저자는 1억 인구의 일본인 모두의 건강 상태가 온전하지 못하고 절반 정도만 온전하다는 뜻으로 반건강인(半健康人)으로 표현하고 있다.

만 아니라, 자원(資源) 환경의 파괴에까지 연결될 수 있다. 따라서 해조 자원의 일부를 양식으로 확보하는 일도 중요한 대처 방법이 될 것이며, 서둘러 양식을 시도하지 않으면 안 될 것이다.

위에서 제시한 여러 문제는 단지 일본 한 나라만의 문제가 아니고 전 세계적인 관점에서 해결되어야 할 것이므로 많은 나라에서 국경을 초월한 협조와 협력이 필요하다.

바야흐로 그 존재가 희미해져 가고 있는 해조를 이와 같은 관점에서 살펴보고, 더 많은 분이 해조에 대한 새로운 인식을 하게 되기를 바라는 뜻에서 이 소책자를 펴게 되었다. 다소나마 참고가 된다면 다행이겠다.

이 책을 쓰면서 많은 분으로부터 받은 조언과 협조에 진심으로 감사를 드린다.

오후사 쓰요시

옮긴이의 말

이 책은 오후사 쓰요시 박사가 저술한 『Sea Vegetable』을 번역한 것이다. 원저의 책 이름은 Sea Vegetable의 영어 발음을 일본어의 외래어 표기법에 따라 가타카나로 표기했는데 저자의 양해를 얻어 '바다 채소'로 바꾸었다.

주지하는 바와 같이 우리나라를 비롯한 동양 여러 나라에서는 예로부터 해조를 즐겨 먹어 왔지만, 서양에서는 바다에서 나는 잡초(Sea Weeds) 정도로 여겨 왔다. 그런데 근년에는 아무리 칭찬해도 좋을 만큼 우수한 건강식품으로 인식되며, Sea Vegetable(바다 채소)이라는 말로 바꿔 쓰게 되었다. 관련 학문의 발달로 해조 공업, 양식, 자원 증강 등 여러 분야의 산업이 매우 빠른 속도로 발전하고 있다.

옮긴이는 평소 세계에서 제일 먼저 해조를 이용해 온 우리 선조들의 슬기에 긍지를 느끼면서 새롭게 인식되는 해조의 식품 가치를 널리 소개하고 싶다고 생각해왔다. 전문성이 달라서 엄두를 내지 못하던 중, 같은 분야의 학문에 종사하고 있는 오후사 쓰요시 박사가 이 책을 썼기에 감히 번역을 결심하게 되었으니 전국의 주부 여러분과 해조 산업과 관계있는 분들에게 널리 읽혀서 국민 건강과 해조 산업 발전에 기여되기를 희망한다.

원저자는 해조 양식에서 가공 유통에 이르기까지의 해조 산업 전반에 걸쳐 많은 경험을 바탕으로 하여 쉽고 흥미 있게 표현하고 있는데, 옮긴이로서는 그 참모습을 나타내기가 정말 어렵다는 사실을 통감하였다. 부득이 독자의 이해를 돕기 위하여 하단에 주석을 붙였다. 그리고 이 책에 나오는 해조 중에서 우리나라에서 나는 종류는 모두 한국해조목록(1986)을 따랐으며 우리나라에 없는 것은 학명으로 표기하였다.

끝으로 출판을 맡아 주시고 원고 교정까지 도와주신 전파과학사 사장님과 직원 여러분 및 원고 정리를 도와주신 여수수산대학 이주일 군에게 깊이 감사드린다.

고남표

---

1 화학용어 개정에 따라 다음과 같이 표기하였습니다.

- 게르마늄 → 저마늄
- 나트륨 → 소듐
- 니오브 → 나이오븀
- 망간 → 망가니즈
- 몰리브덴 → 몰리브데넘
- 불소(플루오르) → 플루오린
- 브롬 → 브로민
- 셀렌 → 셀레늄
- 아인시타이늄 → 아인슈타이늄
- 안티몬 → 안티모니
- 에르븀 → 어븀
- 요오드 → 아이오딘
- 이테르븀 → 이터븀
- 칼륨 → 포타슘
- 칼리포르늄 → 캘리포늄
- 크롬 → 크로뮴
- 크세논 → 제논
- 탄탈 → 탄탈럼
- 테르븀 → 터븀
- 텔루르 → 텔루륨
- 티타늄 → 타이타늄

목차

1장 해조를 알고 계십니까?

2장 사람이 양식하여 먹는 해조

3장 모습을 바꾸는 해조

4장 '반 건강인'과 식생활

5장 해조의 풍부한 영양과 그 효용

6장 해조는 질병을 예방한다

7장 해조를 맛있게 먹는 방법

1장

해조를 알고 계십니까?

1. 해조는 새롭게 인식되어야 한다

해조를 다시 살펴보자

어머니와도 같은 바다, 거기서 자란 해조류는 바로 바다로부터 얻을 수 있는 매우 귀중한 선물이다. 특히 일본인들은 예로부터 해조를 먹어오면서, 건강을 보존해 왔다. 마치 인간의 혈액 조성이 고대의 해수 조성과 비슷하듯이, 오늘의 인간에게도 먼 조상의 피가 지금까지 고동치고 있기 때문일 것이다.

우리는 이 귀중한 선물을 식용으로 하거나 성분을 이용하기 위한 자원 또는 사료나 비료로, 그리고 최근에는 미용을 위해서도 이용하고 있다. 해조류에 대한 우리의 이미지는 식품으로만 주로 생각되어 왔지만, 해조에서 만들어진 한천, 알긴산, 카라기닌 등은 각각 다른 형태로 우리의 생활을 파고들어 매일같이 활용되고 있다.

예를 들어, 아침에 일어나서 먼저 양치질을 하게 되는데 이때 쓰는 치약의 찰기가 바로 알긴산(Alginic Acid)이다. 또 매일 식탁에는 미역, 김, 생선묵 등이 등장한다. 이 생선묵이나 채소와 함께 먹는 마요네즈에도 알긴산이 사용되고 있다. 날마다 쓰는 화장품인 크림, 로션에도 알긴산이 들어 있다.

외출 시에는 누구나 아이스크림, 셔벗, 과일주스 등을 먹는데, 그 상쾌한 맛과 찰기는 카라기닌 때문이다. 이처럼 예를 들자면 끝이 없을 정도로, 해조 추출 성분은 다각도로 이용되고 있다.

또 최근의 연구로는 경험적으로 내려온 '다시마를 먹으면 고혈압과 암에 안 걸린다'라든가, '김을 매일 한 장씩 먹으면 위궤양이 예방된다'라든가 하는 말들이 사실로 밝혀져 장암, 위암, 위궤양의 예방 효과를 기대하게 되었다.

일본은 지금 '포식 시대'를 맞이했다. 참으로 풍부한 식생활을 즐길 수 있게 되었으며 세계에서 평균 수명이 가장 긴 나라이기도 하다.

그러나 그들은 정말로 건강한 것일까? '1억 인구 모두가 반환자'라는 말을 돌아보자. 여기에는 가공 정제 식품이 늘어나고, 식물 섬유를 비롯하여 비타민, 미네랄의 섭취량이 줄어든 반면 지방이나 동물 단백질의 과잉 섭취가 하나의 원인이라고 할 수 있다.

이러한 현실에서, 해조를 다시 한번 떠올려보는 것도 좋겠다. 풍부한 비타민과 여러 가지 미네랄이 빠짐없이 들어 있고, 식물 섬유의 공급원으로도 중요한 역할을 한다고 볼 때, 해조는 오늘날의 식생활에서 가장 결핍되기 쉬운 부분을 보완할 수 있는 귀중한 식품이다.

이렇게도 요긴한 해조의 모습이, 오늘날의 생활 속에서는 너무나도 소홀히 다루어지고 잊혀 가고 있는 것이 아닌가 하는 생각이 든다. 이 책이 해조의 진가를 새롭게 인식하는 데에 도움이 되기를 바란다.

일본인에게 해조란

연상 게임은 아니지만 '해조'라는 힌트에서 여러분은 무엇을 연상하게 될까? 아마도 김초밥, 염다시마, 미역국, 자반, 부각 등 여러 가지가 떠오를 것이다. 이처럼 해조 대부분은 식품으로 이용되고 있다.

확실히 일본 사람들은 예로부터 해조를 먹어 왔다. 그리고 현재도 세계에서 해조를 가장 많이 먹는 민족이다. 해조를 식용으로 이용하고 있는 민족은 아시아에 많다. 유럽이나 미주 지역에서는 극히 한정된 지역에서 한정된 종류만이 식용되고 있을 뿐이다.

1976년의 FAO의 보고에 의하면 세계에서 식품, 사료, 비료로 이용되고 있는 해조는 녹조류가 7속, 갈조류가 22속, 홍조류가 25속이다. 그런데 이 보고서에는 화학 약품의 원료가 되는 해조의 이름까지 들어 있어서 해조 공업의 원료로 이용되는 해조까지도 식품, 사료, 비료로 한데 묶어 정리하고 있다. 이것은 일본인의 감각으로는 다소 이해하기 어려운 분류법이다.

어쨌든 이 보고서에 의하면 일본, 중국, 러시아, 아시아의 서남부에서는 7속의 녹조 전부를, 22속의 갈조 중 12속을, 또 25속의 홍조 중에서 22속을 이용하고 있다. 아시아 지역에서도 사료나 비료로 이용하고 있는 해조도 있겠지만 그 대부분은 식용으로 활용되고 있다(〈표 1〉 참조).

문별	녹조류	갈조류	홍조류	계
유용조류의 속수	7	22	25	54
아프리카	0	0	1	1
호주, 뉴질랜드	0	3	1	4
아시아 남부	3	3	12	18
중국, 러시아	5	5	9	19
일본	4	9	12	25
유럽	3	5	7	15
북미 동해안	1	4	4	9
북미 서해안	0	4	4	8
태평양	1	3	7	11
남아프리카, 카리브해	1	2	1	4

표 1 | 각 지역에서 식료, 사료, 비료로 이용되고 있는 해조류 속(屬)의 수
(I. C. NEISH: 1976)

일본을 비롯한 아시아 지역에서 해조는 당연히 '식품'이다. 중국의 역대 황제가 동방 국가에 많은 돈을 써 가면서 사람을 보내어 찾았다는 '불로장수의 선약'이 다름 아닌 다시마였다고 하는 설도 있다. 특히 일본인에게 해조는 예로부터 매우 친숙한 것이었다. 일본의 가장 오래된 가사집 『만요슈(萬葉集)』에도 미역, 청각, 모자반이 기록되어 있고, 대보율령[大寶

律令(701년)]의 부역령(賦役令)[1]에도 공물(종주국에 속국이 바치던 예물)로서 해의[2], 우뭇가사리, 미역, 청각, 감태, 미역귀, 황감태 등의 이름이 기록되어 있어 그 당시에 이미 이러한 해조가 널리 이용되고 있었음을 알 수 있다.

또 설날의 장식물이나 신사에서의 제물에도 반드시 다시마, 모자반, 미역과 같은 해조류가 쓰이고 있는 것을 생각하면 해조류는 우리와 매우 가까운 것인 동시에 대단히 귀중한 것이었다고 생각된다.

서양에서도 해조를 주목하고 있다

서구인들에게 해조를 먹는다는 것은 상상도 못 할 일이었던 것 같다.

1970년 오사카에서 개최된 만국 박람회장에서의 일이다. 저자의 연구소의 소유자인 야마모토 해의 상사가 박람회장에 해의의 매점을 개설한 바 있다. 어느 날 이곳에 뜻밖에도 미국인 한 사람이 찾아와서 해의를 보고 무엇이냐고 하여 '해조(Sea Weed)의 1종'이라고 대답했더니 목을 움츠리고 양손을 벌리는 미국인 특유의 몸짓(Gesture)을 했다. 이 몸짓으로

---

1 대보율령(大寶律令)이 부역령(賦役令): 701년 8월에 완성된 일본 최초의 법률이 대보율령이며 그중에서 세금에 관한 사항이 부역령인데 세금을 부과하는 작목에 해의가 포함되어 있다.

2 해의(海衣): 한글 사전에는 해의, 해태를 모두 '김'이라고 기록하고 있어서 김과 해의를 구별하지 않고 있는데 『자산어보』에서는 바다에서 사는 자채(紫菜)를 속칭 김이라고 표현하였으며 이 김을 가지고 종이 만드는 방식으로 얇게 떠서 말린 제품을 해의라고 하였다. 우리는 이러한 선조의 슬기를 찾아서 해조명은 김으로 하고 제품명은 해의로 구별하여 부를 것을 제의한다.

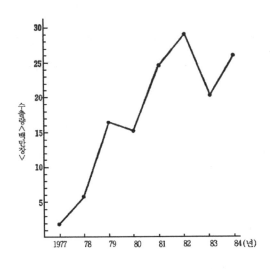

그림 1 | 일본 해의의 연도별 대미 수출량

보아 그들에게는 해조를 식품으로 이용한다는 것은 상상도 못 했던 것
같다.

　여기에 비하면 유럽인들의 거부 반응은 한결 약하다. 그러나 그들 역시
해조는 해조 공업의 원료이며, 비료나 사료로만 이용되는 것으로 알고 있다.

　그러나 최근에는 해조를 건강식품으로 새롭게 인식하게 되었으며, 특
히 미국에서 소비가 늘어나고 있다. 1977년의 수출량을 100으로 할 때,
5년이 지난 1982년에는 15.2배인 2896만 장에 달하였고, 1984년에는
다시 2596만 장으로 줄어들었지만, 금액으로는 3억 3천만 엔으로 최고에
달했다. 예를 들어 일본에서의 해의의 대 미국 수출량의 변동 추세를 보

면 〈그림 1〉과 같다.

1977년의 수출량을 100으로 할 때 5년 후에는 15.2배로 늘어났고 그 뒤에는 약간 떨어져서 보합세를 보였으나 금액으로는 3억 3천만 엔으로 최고를 나타냈다. 이것은 김초밥 등 일본식 음식의 붐을 탄 영향도 있겠지만 미국에서도 차츰 해의의 영양가를 인식하게 된 결과라 할 수 있을 것이다.

또 중국을 비롯한 아시아 각국에서도 해조 양식이 급속도로 신장하고 있으며, 한편으로는 해조 공업도 일어나기 시작하고, 비료나 사료로 이용하는 방법도 개선되어 가고 있어서 더욱 효율이 높은 제품이 만들어지고 있다.

동시에 알긴산, 한천, 카라기닌 등 해조에 많이 들어 있는 성분뿐만 아니라, 미량성분의 이용과 신제품의 개발도 시도되고 있다. 또 최근에는 미용 재료로 이용하는 방법도 개척되어 새로운 이용 분야로 시선을 끌고 있다.

2. 바다에서의 해조의 생활

해조란 어떤 식물인가?

해조는 바다에서 자라며 꽃이 안 피는 식물이다. 크게 보면 현미경이 아니고서는 보이지 않는 미세한 단세포 조류도 포함되어 있지만 여기서는 눈으로 볼 수 있는 조류만을 대상으로 생각한다.

대부분의 해조류는 그 몸이 부드럽고, 잎 모양이나 띠 모양을 하고 가지가 갈라져 있다. 그러나 일부의 해조는 몸이 약간 딱딱하고 그 모양도 마치 뿌리, 줄기, 잎이라고 할 정도로 특수화된 것도 있다(〈그림 2〉 참조).

그 외부 형태와는 별개로, 이들 몸에는 뿌리로 흡수한 물과 영양을 잎으로 보내는 '물관'이나, 잎에서 이루어지는 광합성 작용으로 만들어진 녹말 등의 생산물을 저장 장소로 옮기는 '체관' 등의 조직이 없다. 뿌리처럼 보이는 것은, 조체를 바위나 말뚝 같은 단단한 물체에 고착시키는 역할만 하고, 영양을 흡수하는 구조는 아니다. 또 외형상 줄기나 잎과 같은 부분도, 각 부분을 구성하고 있는 세포는 몸의 표면에서 직접 해수 중의 영양염을 흡수하고, 빛 에너지를 이용하여 엽록체라는 공장에서 녹말을 만들어 낸다.

그림 2 | 외관상 뿌리줄기 잎과 비슷한 거대 해조의 형태

물론 세포막을 통한 물질의 이행은 일어나고 있으나, 앞에서 말한 바와 같은 물이나 영양 광합성 산물을 옮기는 관(통도 조직)은 가지고 있지 않다. 또 해조는 물의 움직임에 따라 같이 흔들리기만 하면 되기 때문에 몸을 지탱할 필요가 없다. 그 때문에 해조류는 육상 식물에서 보는 바와 같은 철근, 콘크리트에 해당하는 보강 작용을 하는 것(기계 조직)도 없다.

해조의 번식 방법

앞에서도 말했지만, 해조에는 꽃이 안 핀다. 그러므로 포자에 의하여 번식한다. 그리고 이 포자는 그 생성 과정, 모양, 유영력의 유무와 유영 방

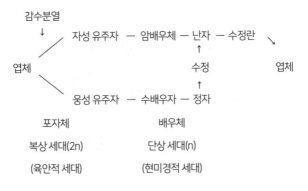

그림 3 | 해조류의 생활사(갈조류의 한 예)

법 등이 무리마다 다르며, 이러한 특징은 생물학적 분류의 기준이 될 정도로 중요하다.

생물이 자손을 번식시키는 방법으로는, 먼저 암수의 생식 세포가 만들어진 후 그 알세포에 정자가 들어가 수정란으로 되면 이것이 분열을 시작하여 새 개체로 발달해 가는 유성 생식을 들 수 있다. 이 경우에는 암수의 생식 세포가 만들어질 때, 염색체수가 반으로 줄어든다. 이와 같은 분열을 '감수 분열'이라고 한다.

생식 세포의 염색체수를 n이라고 하면 수정한 알세포로부터 만들어지는 체세포의 염색체수는 그 두 배인 2n이 된다. 염색체가 n일 때의 세대를 n세대 또는 단상 세대라고 하고, 2n일 때의 세대를 2n세대 또는 복상 세대라고 한다.

그러나 해조류와 같은 열등한 식물의 경우는 그 대부분이 자손을 증식시키는 방법으로 무성 생식이라는 또 한 가지의 번식 방법이 있어, 유성 생식과 무성 생식을 교대로 반복하고 있다. 무성 생식에서 만들어지는 포자도 그 모양, 생성 과정, 유영력의 유무 등이 분류군에 따라 다르다. 또 이들 무성 포자가 감수 분열을 거쳐 만들어지는 경우와 감수 분열을 하지 않고 체세포가 직접 무성 생식 포자로 되는 경우가 있다.

감수 분열 때문에 무성 생식 세포가 만들어질 때에는, 그 모체가 염색체수 2n인 복상 세대이자 포자체라고 말한다. 포자체에서 만들어진 무성 포자에는 두 종류가 있으며, 그들이 각각 발아 생장하여 성숙하면 한쪽에는 자성, 다른 한쪽에는 웅성 생식기가 만들어진다. 그리고 이 개체는 무성 포자는 발아하여 장차 자성 배우체나 웅성 배우체가 된다. 그리고 이들 배우체는 염색체수가 n인 단상 세대이며 자성 배우체 또는 웅성 배우체라고 한다. 자웅의 생식 세포가 수정하여 발아하면 다시 2n 세대의 포자체가 된다.

해조류의 생물학적 분류

해조류의 체색은 녹조류, 갈조류, 홍조류의 3가지 무리로 분류되고 있다. 말 그대로 녹조류는 녹색이고, 갈조류는 갈색, 홍조류는 홍색 내지는 흑자색을 띤다. 이처럼 무리가 구별되는 것은 그들 각각의 무리에 따라 가진 색소의 종류가 다르기 때문이다(〈표 2〉 참조).

녹조류에 포함된 중요한 색소는 클로로필(a와 b)이며 다른 색소는 별로

문별	<엽록소> 클로로필			카로틴	<갈조소> 푸코크산틴	<홍조소> 피코에리트린	<남조소> 피코시아닌
	a	b	c				
녹조류	++	+		+			
갈조류	++		+	+	++		
홍조류*	++			+		++	+

(++: 주성분인 것 +: 주성분이 아닌 것)
* 홍조소와 남조소가 같은 정도로 들어 있는 종류도 있다

표 2 | 각종 해조류에 들어 있는 대표적인 색소

가지고 있지 않다. 그래서 조체는 아름다운 녹색을 띠게 된다.

갈조류는 클로로필(a와 c)과 더불어 초록빛을 흡수하는 푸코크산틴을 많이 함유하고 있어 그 조체는 갈색이나 흑갈색을 띠게 된다.

홍조류는 클로로필(a)과 함께 피코에리트린(홍조소)과 피코시아닌(남조소)을 함유한다. 피코에리트린은 분홍색이며 피코시아닌은 청자색이다. 또 황색의 카로티노이드도 들어있다. 이 네 종류의 색소가 어떤 비율로 들어 있는가에 따라, 조류의 체색은 연분홍색에서 흑자색까지 폭넓게 변화한다.

갈조류에 포함된 푸코크산틴, 홍조류의 피코에리트린, 피코시아닌은 클로로필과 더불어 광합성 작용에 매우 중요한 색소이다. 그리고 열에 의하여 간단하게 색소가 파괴되어 그 색이 바뀐다. 미역을 끓는 물에 넣거나 해의를 구웠을 때 녹색이 나타나는 것은 다른 색소는 가열로 인하여 파괴되면서, 클로로필만 남기 때문이다.

해조의 사계절과 육상 식물의 사계절은 반대

봄이 되면 풀과 나무에 꽃이 피기 시작하고, 5월에는 신록이 우거진다. 가을이 되면 산과 들에 단풍이 들고, 겨울바람이 불면 낙엽이 지고 겨울잠에 들어간다.

일본은 이처럼 사계절이 분명하고, 계절이 바뀜에 따라 식물도 그 자태를 바꾸어 간다. 그렇다면 해조의 경우는 어떨까?

일본의 중부 태평양 연안의 해조는 가을에 수온이 떨어지기 시작하면 종류가 늘어나고 활력이 왕성해진다. 또 1~3월의 최성기를 맞아 봄이 되어 수온이 상승하기 시작하고 낮의 길이가 길어짐과 동시에 햇살이 강해지면 차츰 쇠퇴하기 시작한다. 그리고 여름이 되면 노성한 모습의 해조가 많아지고, 유실되어 마치 겨울의 육상 식물같이 쓸쓸하게 된다.

이상에서 보는 바와 같이 겨울과 초봄은 해조류에게 봄이나 초여름 같은 계절이며 봄은 가을에, 여름은 겨울에 해당한다. 해조는 이처럼 육상 식물의 사계절과는 반대의 모습을 보인다.

해조는 어떻게 분포해 있는가?

육상 식물은 교외에 나가면 언제 어디서나 그 모습을 볼 수 있다. 그러나 바다의 해조류는 아무 때나 볼 수 있는 것은 아니다.

대부분의 해조는 대조의 썰물 때만 그 모습을 드러내며, 그보다 더 깊은 곳에서만 사는 해조도 많다. 반대로 물이 많이 빠져나가지 않는 소조의 썰물 때만 볼 수 있는 해조도 있다.

이처럼 조간대 중에서도 상부, 중부, 하부별로 사는 종류가 정해져 있다. 조간대의 제일 높은 곳에 사는 해조의 한 가지가 김 무리이다. 봄철의 대조 때에는 4시간 이상이나 볕에 드러나, 엽체가 바싹바싹하게 말라 바위에 착 달라붙어 있어서 도무지 살아 있는 해조라고는 생각하기 어려울 정도이다. 그러나 이것을 다시 해수에 넣어 주면 곧바로 건강한 김 본래의 모습으로 되돌아온다.

이것은 김이 건조에 대해 강한 저항력을 갖고 있기 때문이다. 그렇다면 김은 반드시 볕에 드러나는 높은 곳에서만 살 수 있는 것일까? 김을 실험실에서 배양해 보면, 볕을 쪼이지 않아도 건강하게 잘 자라며, 심지어 볕에 쪼이지 않는 쪽이 오히려 빨리 자란다. 그렇다면 김은 왜 위와 같이 살기 어려운 높은 곳에서 사는 것일까? 9월 말부터 10월 사이에, 눈에 안 보이는 작은 포자(10㎛)가 나타난다. 이 포자는 바위, 김발, 말뚝 등에 착생하면 곧바로 분열을 시작한다. 그러나 김 싹의 세포 분열 속도는 3일에 2회 정도로 느린 데 비하여, 같은 자리에 붙어사는 규조나 다른 단세포 조류는 분열이 매우 빨리 진행되어 그 수가 계속 불어나므로 얼마 안 가서 김 싹을 덮어 버린다.

그 때문에 생장 속도가 느린 김은 다른 해조가 살 수 없는 높은 장소에서만 살아남게 된다. 즉 김은 높은 장소가 살기 좋아서가 아니고, 사실은 어쩔 수 없이 그런 곳으로 쫓겨나서 간신히 사는 것이다. 그 증거로 다른 해조가 섞여들지 못하게 방지해 주면 김발을 해수에서 들어내 주지 않아도 건강하게 잘 생장한다.

일본처럼 남북으로 해안선이 길게 뻗어 있으면 지역에 따른 해양 환경이 전혀 달라지고, 그곳에 사는 해조류의 종류와 모양도 많이 달라진다. 홋카이도, 오호츠크의 해안에서는 이제 막 유빙이 녹은 정도일 때, 남쪽 이시가키섬(石垣島)에서는 벌써 해수욕이 시작되고 있는 형편이다.

이처럼 상이한 환경 하에서는 각각 다른 해조류가 살게 된다. 예컨대 갈조류는 북쪽의 추운 바다에 많이 산다. 물론 열대 지방의 따뜻한 바다에 사는 갈조류도 있지만, 그 수는 적다. 북쪽 바다에서는 같은 종류의 갈조류가 큰 군락을 이루고 있다.

이것은 해조를 이용하는 경우에 매우 중요한 조건이 된다. 아무리 가치가 있는 해조라도 그것을 수집하는 데에 노력이 많이 든다면 산업적으로 이용할 수가 없기 때문이다. 단일종이 한 장소에서 무리를 이루고 산다는 것과 또 뜯어낸 뒤의 재생력이 크다는 점이 매우 중요하다.

홍조류는 북쪽에서 남쪽까지 널리 분포해 있으나 단일종이 큰 무리를 이루는 일은 별로 없다. 녹조류는 남쪽에 그 종류가 더 많다.

또 하구 부근과 같이 담수의 영향이 강하게 미치는 장소에 살 수 있는 해조도 그 종류가 한정되어 있다. 조간대에서의 수직 분포처럼 그런 종류가 비중이 높은 수역에서는 살 수 없다는 것은 아니지만, 비중이 낮은 환경에도 견디며 살아남을 수 있다. 마즙에 비벼 먹는 참홑파래, 참김 등이 그 예이다.

2장

사람이 양식하여 먹는 해조

1. 김 양식과 맛있게 먹는 방법

김 양식은 언제부터 시작되었는가?

최초로 양식을 시작한 해조는 김이다. 처음에는 썰물 때 바닥이 드러나는 간석지에 대나무 섶을 다발로 묶어세우고 그곳에 김 포자가 착생하여 자란 김을 뜯어내는 지극히 간단한 양식으로 시작했다. 일본에서는 그 시기가 에도(江戸) 시대의 교호(享保) 초기이다.

당시의 에도(江戸, 지금의 도쿄)는 소위 에도 막부(江戸幕府)가 에도성을 세워 정치의 중심지로 번영했고, 사람이 많이 모여 상업이 번창했다. 이와 같은 인구 증가로 해의의 수요가 늘어나 자연산 김만으로는 수요를 충당할 수가 없었다. 늘어나는 수요량을 충족하기 위해 양식 기술이 연구되고 발전하게 되었다.

그러나 근대적인 양식 방법에서는 대상으로 삼는 해조의 생애가 어떠하며 그 과정마다 생리 조건이나 생장을 촉진하거나 억제하는 등의 조절 수단을 해명할 수 있는 기초 연구가 필요하다. 그리고 그 바탕 위에 있어야 양식 기술을 확립하고 발전시킬 수 있는 것이다.

사진 1 | 대나무 섶을 이용한 옛날의 김 양식법

이렇게 해서 개척된 양식 기술에 의해서만 생산량과 질을 안정시킬 수 있으며, 김 산업의 발전에 이용될 수 있는 것이다. 즉, 어떤 해조의 수요가 늘어나면 초기에는 자연산으로 충족될 수 있으나 어느 한계를 넘어서면 자원이 고갈되고 급기야는 자원 부족으로 그 산업 자체를 유지할 수 없게 된다. 바야흐로 해조 공업용의 원료 사정은 이와 같은 상태에 있다.

나라에 따라 달라지는 식용 방법

일본에서는 김을 종이 뜨는 것과 비슷한 방법으로 초제하여 해의(海衣)를 만든다. 이 초제(抄製) 기술이 시작된 것은 김 양식이 시작된 연대와 비숫한 1700년대 초부터였다. 흥미로운 일은 한국의 광양만[1]에서도 일본과 거의 같은 연대에 비슷한 방법으로 김 양식이 시작되었다.

또 중국에서는 판판한 바위 면에 석회를 이용하여 쓰지 못할 해조를 제거하여 김의 착생을 도와주는 방법이 푸젠성(福建省, 중국 남동쪽 연안 지역)에서 시작되었는데 그 연대는 지금부터 200~300년 전으로 전해 온다. 이 방법은 일본에서도 시마네현, 히노고사키의 동쪽 지방에서 예로부터 행해졌으며 지금도 노리시마 신사(紫菜島神社)가 이곳 촌민들의 수호신으로 받들어지고 있다.

일본, 한국, 중국의 3개국이 현재 김을 양식하는 나라이며 대표적으로 많이 먹는 나라이다. 한국에서도 일본과 같은 방법으로 해의를 만들고 있다. 그러나 한국은 일본보다 훨씬 얇게 뜨고 있다. 그 이유는 김을 먹는 방법에 차이가 있기 때문인 것 같다. 한국에서는 해의에 기름과 소금을 발라 가볍게 굽는다(일본의 맛김은 해의를 구운 후에 조미료를 바른다). 해의 한 장을 4등분하여 이것으로 밥을 싸서 먹기 때문에 해의가 두꺼우면 맛이 덜난다. 이렇게 먹기 때문에 한 끼의 식사에 보통 4~5장의 해의를 먹게 된다. 한국에서는 해의를 '밥도둑'이라고 할 정도로 식욕을 돋우는 식품으로 알려져 있으며 그만큼 해의를 좋아한다.

중국에서도 일부에서는 초제하고 있으며 그중의 일부는 맛김으로 만

---

1 광양만: 원저에는 낙동강 하구로 되어 있으나 이는 저자가 잘못 알고 기록한 것이므로 광양만호로 바로 잡는다.

사진 2 | 기계를 이용한 김의 적채작업

들어 먹기도 한다. 그러나 상당량의 김은 초제를 하지 않고 말려서 수프로 끓여 먹는다.

그 외에 영국의 웨일스 지방에서는 해안에 자생하는 김을 뜯어 수프를 끓인 다음 소금과 후추로 간을 맞추고 고기 요리와 곁들여 먹는데 최근에는 통조림을 만들어 팔기도 한다.

최근에는 타이완에서도 맛김이 소비되고 있다. 타이완에서는 해수 온도 관계로 양식이 안 되므로 일본, 한국, 중국 본토 등지에서 수입하고 있다. 식사 때의 반찬으로서가 아닌 차를 마실 때의 입가심 정도로 먹기 때문에 다소 짙게 조미를 한 맛김을 선호한다.

김의 일생

김 양식은 추분을 전후로 하는 채묘(採苗)[2]로부터 시작된다. 김 발에 착생한 각포자(殼胞子)는 바로 세포 분열을 시작하여 빠른 속도로 성장하게 된다. 채묘 후 30~40일이 지나면 15㎝ 정도로 자라며 이때 적채(摘採)하게 된다. 김의 적채는 10~15일 간격으로 3월 하순경까지 계속된다. 12월 경부터 엽체의 앞 끝 부분에 자웅의 생식 세포가 만들어진다. 먼저 정자가 엽체에서 빠져나와 물의 흐름을 따라다니면서 엽체의 난자에 접근하여 수정한다. 수정란은 8~16개의 과포자(果胞子)라는 포자로 되어 모조(母藻)에서 떨어져 나간다. 모조는 수온이 상승하면서 과포자를 방출하고 소실되어 간다.

그 후에, 즉 4월부터 9월 사이에 김이 어떤 모양으로 여름을 지내며, 추분 무렵에 김발에 착생하는 포자가 어떤 경로를 거쳐 찾아오는지 우리는 전혀 알 수 없었다. 여하튼 채묘장에 김발을 설치하기만 하면 저절로 포자가 착생하여 성장해 온 것이다.

그러나 포자의 착생 상태는 해마다 같지 않으며 매우 불안정했다. 김은 그리하여 '운초(運草)'라고도 불려왔다. 즉 김 양식은 오래전부터 해 왔지만, 극히 불확실하고 불안정한 산업이었던 것이다.

---

2 채묘(採苗): 채묘란 원뜻은 종묘를 채취한다는 뜻이며 김발을 바다에 설치해 두면 김포자가 흘러와서 착생하게 된다. 지금은 인공 배양한 사상체를 이용하여 포자를 착생시키며 그 채묘 시기는 어민의 협동 단체인 조합에서 지정하여 같은 날에 일제히 채묘한다.

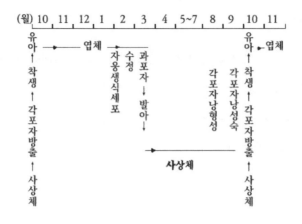

그림 4 | 김의 일생

1948년, 영국의 해조학자 드류(Drew) 여사는 죽은 조개껍질에 떨어진 김의 과포자가 발아하면서 패각을 파고 들어가서 실 모양으로 자란다는 사실과 이것이 이미 1892년에 바터어스(Batters)가 발표한 콘코첼리스 로자(Conchocelis Roza)라고 이름 붙인 미세 조류와 같은 것이라는 것을 발표하였다.

이 보고는 일본의 해조학자들에 의하여 곧바로 추시(追試)되었고, 이 사상체에서 만들어진 포자가 발아하여 김엽체로 자란다는 사실이 확인되었다. 그렇다면 겨울과 1~2월에 김엽체의 가장자리 부분에 만들어진 과포자를 조개껍질에 뿌려서 이것을 배양하면, 어디서나 임의의 시기에 김 발에 포자를 착생시킬 수 있게 될 것이다. 많은 연구자들은 이런 생각에서 인공 채묘 기술의 개발을 위한 연구를 시작하였다.

그러나 기초적인 여러 가지 문제로부터의 해명과 그것을 기초로 한 기술의 개발은 쉬운 것이 아니었다. 인공 채묘 기술이 굳혀지고 보급되어 산업적으로 정착하기까지는 실로 10년의 세월이 걸렸다.

착실한 기초 연구의 누적

현재로서는 사상체의 생장, 각포자낭의 형성, 각포자의 형성, 각포자의 방출, 각포자의 김발에의 부착 등 모든 단계가 각각 다른 광 조건과 수온에 따라 자유로이 조절할 수 있고, 이런 조작에 의하여 어느 때나 채묘를 할 수 있게 되었다.

사상체는 매일 광선을 받는 시간이 14시간 이상의 장일 조건에서는 성장이 촉진된다. 그러나 이런 장일 조건에서는 각포자낭이 만들어지지 않는다. 즉 언제까지 두어도 생식기가 만들어지지 않고 성장만을 계속하게 된다.

성장한 사상체에 각포자낭이 형성되게 하려면 광선 받는 시간을 8~10시간의 단일 조건으로 바꾸어 주어야 한다. 이렇게 조건을 바꾸어 주면 7~10일 사이에 각포자낭이 만들어진다. 그러나 각포자가 형성되기 위해서는 단일 조건과 동시에 수온을 20℃ 전후로 낮출 필요가 있다. 반대로 단일 조건으로도 수온을 25℃ 이상으로 해 두면 각포자낭은 만들어지지만, 각포자는 형성이 안 되므로 고온 처리를 하면 성숙이 억제된다.

최근에는 대부분의 양식장에서 채묘시기를 규제하고 있다. 그러나 사

사진 3 | 패각 사상체의 수하식 배양

상체는 9월이 되어 해가 짧아지고 특히 수온이 빨리 내려가는 조냉(早冷)한 해에는 성숙이 빨리 진행되어 배양 수조 내에서도 각포자가 방출된다. 그러나 앞에서 말했듯이 김 양식장에서는 채묘시기를 규제하고 있음으로 정해진 기일이 되기 전에는 제멋대로 채묘 작업을 할 수 없다. 그러므로 채묘 시일이 되기 전에 각포자가 방출되면 배양실의 창문을 닫아 실온이 떨어지는 것을 방지하거나 난로를 피워 실온을 높게 유지하여 각포자의 방출을 억제해야 한다. 그러다가 억제 조치를 해제하고 수온을 내려주면 3~4일 후에는 각포자가 일제히 방출된다.

각포자의 방출, 착생에도 광선이 필요하다. 각포자의 방출에는 100럭스(Lux) 정도의 약한 광선에도 감응하여 방출이 시작되지만 방출된 각포자가 김발에 착생하는 데는 800~3,000럭스 이상의 강한 광선이 필요하다(〈사진 3〉 참조).

이와 같은 기초적인 연구는 얼핏 실용면과는 무관하게 보인다. 그러나 이와 같은 착실한 연구가 쌓임으로써 안정하게 양식할 수 있게 되었다. 이것이 바로 기술을 개발하고 생산을 촉진하는 지름길인 것이다.

새로운 양식 기술로 생산량이 증대되었다

드류 여사에 의해 김의 생활사가 밝혀진 것이 1949년의 일이다. 그로부터 10년 후, 인공 채묘 기술이 보급되어 좋은 성과를 거두기 시작했다. 이전에는 양식에 적합한 사니질이 발달한 간석지가 있어도 가까이에 채묘장이 없으면 양식할 수가 없었다. 그런데 인공 채묘 기술의 개발로 사

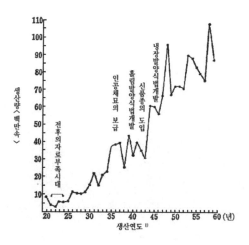

그림 5 | 해의의 생산량 변동추세
1) 해의의 생산연도는 10~4월까지임

상체를 배양해 두기만 하면 어디서나 채묘를 할 수 있게 된 것이다.

규슈(九州) 지방에 있는 아리아케(有明) 바다는 인공 채묘 기술에 의하여 김 양식장이 발달한 대표적인 수역이다. 그 결과로 이전에 1600만 속을 생산하던 것이 단번에 3500만 속으로 대폭 증가하였다(〈그림 5〉참조).

김은 앞에서 말한 바와 같이 자연조건에서는 매일 2~3시간의 간출층(干出層)에서 자란다. 그리고 이 간출은 김의 생장에 꼭 필요한 것으로 알려져 왔다. 그러나 김 싹이 1㎝ 이상으로 자라서 규조와 같은 잡조에 이길 수 있는 크기가 되면, 간출이 안 되어도 김은 잘 성장한다는 것을 알게 되었다.

이전에는 간출을 위하여 말뚝을 얕은 바다에 세우고 그 사이에 김발을 달았으나 말뚝의 길이에는 한계가 있어 이것이 어장의 깊이를 제한하였다. 간출이 불필요할 때는 김발(그물) 주위에 뜸을 달아서 수면에 띄워두면

사진 4 | 흘림발 김 양식장(한 세트에 90장 설치)

사진 5 | 저주식 김 양식장(김발 규격은 1.2×18m)

사진 6 | 아리아케 해의 김 양식장(1구간에 10책 설치)

된다. 이것이 '흘림발 양식법'이다. 흘림발 양식법의 개발로 세토나이카이(瀨戸內海, 일본 혼슈 서부와 규슈, 시코쿠에 에워싸인 내해)나 외해 쪽의 깊은 수역에서도 양식이 가능하게 되었다. 그 결과로 1969년도에는 3600만 속대에서 6000만 속대로 대폭 증가하였다.

그런데 김의 생리에도 큰 아킬레스건이 있다. 야간의 고온에 매우 약한 특성이 바로 그것이다. 갑자기 따뜻해지고 안개라도 피는 밤이면 하룻밤 사이에 생리 장해를 일으켜 심하면 일시에 유실되기까지 한다. 이런 일은 10월 하순부터 11월 중순 사이에 이따금씩 일어난다.

그 대책으로 김 싹이 2~3㎝로 자란 10월 하순경에 그물을 걷어 올려 -20℃의 냉동실에 넣어 두었다가, 기후가 안정되는 11월 하순~1월 상순 이후에 다시 바다에 펴서 양식하는 '씨발의 냉동 보존법'이 개발되었다.

이 양식법은 먼저 김발 1책(폭 1.2m, 길이 18m의 그물을 칠 수 있는 너비와 시설물)에 그물 2~3장씩을 포개서 육묘(育苗)한다. 그중 한 장은 제자리에 그대로 쳐둔 채 생산하게 하고, 나머지 1~2장의 그물을 냉동실에 넣어 보관한다. 이 처리는 김에는 매우 가혹한 조건이므로 냉동을 위해서는 튼튼한 싹으로 길러두지 않으면 좋은 효과를 얻지 못한다. 냉동 요령은 입고할 때 먼저 김의 수분 함량을 20~40%까지 탈수하여 -20℃에서도 세포액이 동결되지 않게 해야 한다. 이때 적당히 건조되었는지의 여부가 결과에 미묘한 영향을 끼친다.

냉동발 양식 기술이 실용화되어 정착된 것은 1970년이다. 그리고 소위 다수확성 신품종인 큰참김과 큰방사무늬김은 1969~1970년경에 도입

되었다. 냉동 씨발 양식법과 신품종 개발로 해의 생산고는 더욱 증가하게 되었으며 생산도 안정되었다.

해의의 초제 작업도 기계화되었다

제2차 세계대전 후까지도 김의 적채나 초제(抄製) 작업은 모두 손작업이었으며 건조도 천연 건조로만 하였다. 당시에는 김발(1.2×18m) 한 떼를 채취하는 데 약 한 시간 반이 걸렸으며 하루에 한 사람이 500~700장분의 완조를 적채하는 것이 고작이었다. 이것을 다음 날 새벽 2~3시부터 조아서 초제하는데, 솜씨 빠른 사람도 1시간에 400장 정도밖에 뜨지 못했다. 아침 6시경부터 햇볕에 말리기 시작하여 낮까지는 건조가 끝나야 한다.

그러나 1950년대부터 초제하는 기계가 등장하기 시작했고, 1965년경에는 해의를 만드는 모든 과정이 기계화되었다. 그 결과, 1시간에 30~40속의 해의를 생산할 수 있었다. 적채, 세절(細切), 초제, 탈수, 건조에 이르는 초기의 기계화 과정에서는 각각의 제조 과정이 분리되어 있었다. 그러나 1975년대에 와서는 전자동 초제기(抄製機)가 개발되었다. 즉 적채 작업도 기계화되었고 원조의 세정부터 해의의 결속과정까지가 완전히 자동화되었다. 그리고 자동화 장치에서는 바다에서 뜯어온 원조가 3~4시간 후에는 해의로 결속되어 나오게 되었다. 전자동 초제기는 기계 한 대에 2~3명만 붙어 있으면 충분하게 운영된다.

김은 언제 크는가?

예로부터 '아이들은 잠을 자는 동안 큰다'고 한다. 사람은 잠을 자는 사이에 크는 것이 확실한 것 같다. 그렇다면 김은 언제 크는 것일까?

필자의 연구소에서는 연중을 통해서 김엽체를 배양하고 있다. 이 기술을 활용하여 매일 12시간, 5,000럭스의 빛을 쪼이고 나머지 12시간은 암흑 상태로 배양하면서 6시간 단위로 성장 상태를 측정하였다. 6시간마다 성장률(%)은 명기(明基)의 전반에서 높고 그 후반과 암기(暗基)의 전반에서 낮았으며 암기의 후반에서부터 다시 높아지기 시작하여 다음 날 명기의 전반에 피크로 되돌아가는 일주 변화를 나타냈다(〈그림 6〉 참조).

이와 같은 현상을 확인하기 위하여 세포 크기의 일주 변화를 추적하여

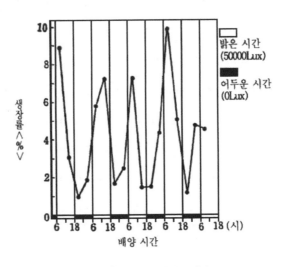

그림 6 | 김 생장률의 일주 변화

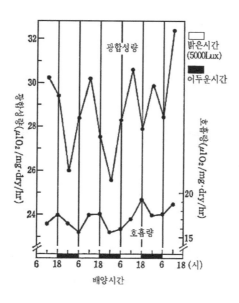

그림 7 | 광합성량과 호흡량의 일주 변화

보았다. 그 결과 각 세포의 면적의 크기는 조체의 중앙이나 가장자리에서 나 다 같이 12시에 최대가 되고 0시에 최소로 되는 것을 알았다. 이러한 변동은 명기의 후반에서부터 세포 분열이 활발해지기 시작하고 암기 전 반에는 가장 활발하다. 2개로 분열하여 작아진 세포는 암기 후반부터 커 지기 시작하여 암기의 전반에 최고가 되는 것으로 생각한다. 이러한 실험 결과로 생장률의 일주 변화를 설명할 수 있다.

나가사키(長崎)대학의 미기타(右田)는 핵분열 출현율을 조사한 결과 핵 분열은 13시 30분부터 시작하여 16시~18시에 최고로 되고 24시에 끝난 다고 보고하여 우리의 추정을 뒷받침해주었다.

그런데 이러한 리듬은 세포의 크기나 성장률뿐만 아니라 광합성량과 호흡량의 변화에서도 볼 수 있었다. 광합성량은 12시에 최고로 되고 0시에 최소로 된다. 또 호흡량은 명기 동안에 계속 상승하고 암기에는 반대로 하강이 계속된다(〈그림 7〉 참조).

이와 같은 생리 활성의 변화는 세포 안에 들어 있는 색소의 양에도 영향을 끼치고 있었다. 즉 클로로필, 피코에리드린, 피코시아닌의 함유량 변화를 보면 3가지 색소 모두가 0~6시에 높아지고 12~18시에 낮아졌다. 양식장에서의 관찰도 아침의 색조가 더 짙게 나타나고 있어서 실험실의 조사 결과와 잘 일치한다.

또 유리 아미노산, 당과 다당류 함유량의 일주 변화를 보면, 명기에 많아지고 암기에 감소하고 있다. 그러나 맛의 성분은 명기에 만들어진 생산물로부터 암기 동안에 바뀌기 때문인지 암기의 끝에 가서 많아지는 것 같다.

이상에서 김도 야간에는 활동이 적어 조용하게 지내고 아침부터 차츰 활성화하여 오전 중에 가장 활발해졌다가 오후가 되면 다시 진정한다. 즉 김에는 이와 같은 생활 리듬을 조절하는 시계가 있다. 따라서 맛이 좋고 색깔이 짙은 제품을 만들기 위해서는 김을 이른 아침에 적채하는 것이 좋다.

해의를 잘 보존하는 방법

해의가 흑자색을 띠는 것은 거기에 포함된 클로로필(Chlorophyll, 엽록소)의 녹색, 카로티노이드(Carotinoid)의 주황색, 피코에리트린(Phycoerythrin,

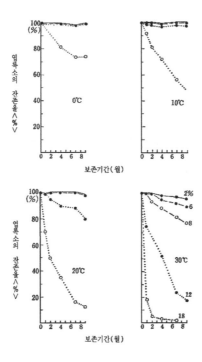

그림 8 | 온도 및 수분 함량을 달리하여 보존한 해의의 엽록소 잔존율 변화

피코에르드로빌린이 단백질과 결합한 붉은빛의 색소, 홍조류 광합성 색소의 하나)의 홍색, 피코시아닌의 남색이 겹쳐져 있기 때문이다. 그리고 이 색조는 해의의 변질 상태를 잘 나타낸다. 반대로 색조에 변화가 없으면 해의가 잘 보존되었다는 증거이다. 보관이 잘못된 해의는 적자색으로 변질되고 맛도 향기도 없어져 갯내가 난다. 그 이유를 알아보자.

본론에 앞서, 해의의 수분 함량을 눈가늠하는 요령을 설명하겠다. 해의에 손톱으로 금을 그었을 때 탁 갈라질 정도라면 수분 함량은 5% 이하이다. 해의의 표면을 손톱으로 그어도 갈라지지는 않지만 빳빳할 정도가 7~8%이고, 약간 부드러운 감이 들 정도면 10~12%, 축 처진 해의의 수분 함량은 16% 전후이다.

해의의 수분 함량을 2%에서 18%까지의 5단계로 조정하고, 0℃에서 30℃까지 10℃ 간격으로 구분한 항온 상자에 보존해 두고 이것을 1개월 간격으로 들어내어 각종 색소량 변화를 조사해 보았다. 우선 클로로필의 추이를 살펴보자. 실험 개시 때의 수분량을 100으로 한 지수로써 표시했다(〈그림 8〉 참조).

0℃에서는 수분 함량이 12%의 해의라도 감소하지 않으나 18%인 해의는 9개월 뒤에 73%까지 감소한다. 10℃에서도 12%까지는 거의 변화하지 않으나 18%에서는 9개월 후에는 48%로 반감한다. 20℃에서는 6%까지 건조한 것은 변화하지 않으나 12%가 되면 2개월 만에 95%, 4개월 만에 89%로 떨어지고 18%인 해의는 1개월 만에 70%로 떨어진다. 다시 보존 온도를 30℃까지 올리면 2%까지 건조해 두어도 9개월 후에는 96%로 떨어지고, 같은 시기에 6%의 해의는 89%, 8%의 해의는 76%, 12%의 해의는 17%로 떨어진다. 18%의 해의는 불과 2개월 만에 5%로 크게 떨어진다.

같은 요령으로 홍조소와 남조소에 대해서도 조사하였다. 두 색소량의 추이는 0℃와 10℃의 저온에서는 엽록소보다 분해율이 높고, 20℃에서는 비슷하며 30℃에서는 반대로 엽록소의 분해율이 훨씬 빨라진다. 이 경향은 수분 함량이 많을수록 현저하다. 가령 수분 함량 18%의 해의에서는 엽록소량이 2개월 만에 5%까지 떨어지지만, 홍조소는 9개월 후에도 55%,

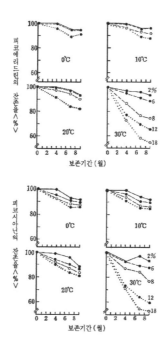

그림 9 | 온도 및 수분 함량을 달리하여 보존한 해의의 피코빌린계 색소의 잔존을 변화

남조소는 53%나 남아 있다(〈그림 9〉 참조).

이상의 실험 결과로 밝혀진 바와 같이 수분 함량이 많은 해의를 고온에 보관하면 엽록소가 파괴되어 녹색이 줄어들고 남아 있는 홍조소의 홍색이나 남조소의 남색이 떠올라 홍자색으로 변한다. 따라서 변질을 방지하기 위해서는 수분 함량을 6% 이하가 되도록 건조하는 것이 가장 중요한 조건이고, 다음이 저온에서 보존하는 일이다. 저온은 냉동실보다는 10℃ 이하의 냉장고가 적당하다.

또 해의는 흡습성이 매우 강하다. 습도 55% 상태에서 2분이면 0.7%, 4분이면 12%, 8분이면 2%까지 수분 함량이 증가한다. 한번 습해지면 다시 건조해도 그 풍미가 떨어진 상태로 있다. 그러므로 처음부터 적은 양으로 포장할 것이며 먹다 남은 해의를 다시 밀봉하는 것은 바람직하지 못하다. 즉 한번 습기를 띠어 변질한 해의는 해의로서의 가치가 없어지므로 맛국물[3]을 많이 넣어서 조림으로 만드는 수밖에 없다.

해의는 잘 구워야 제맛이 난다

해의는 잘 구워야 제대로 맛이 난다. 일본 관서(關西) 지방에서는 해의를 굽지 않고 초밥을 싸는 곳이 있다. 그러나 해의의 맛을 즐기기 위해서는 해의를 어떻게 굽는지가 중요하다. 즉 해의를 굽는 정도에 따라 해의 맛이 살아날 수도 있고 아닐 수도 있다.

해의는 구우면 흑자색이던 것이 청록색으로 변한다. 그 이유는 가열로 인하여 엽록소는 5%만이 파괴되지만, 홍조소는 91%가 파괴되고 남조소는 82%가 파괴되므로 남아 있는 엽록소의 녹색이 드러나 남은 남조소와 더불어 청색의 아름다운 색깔로 구워진다. 좀 덜 구운 해의는 붉은빛이 남아 있고 반대로 너무 많이 구운 해의는 황록색으로 되며 맛도 없어진다.

해의를 구우면 색소만 변하는 것이 아니고 세포를 둘러싸고 있는 세포

---

3 맛국물: 멸치, 다시마, 다랑어 등을 끓여서 국물과 조미료로 쓴다.

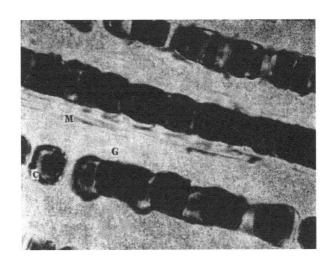

사진 7 | 해(마른 김)의 단면(C: 세포, G: 갈락탄의 층, M:만난의 막)

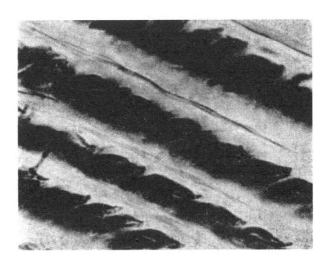

사진 8 | 구운 해의 단면

벽의 성질도 달라진다. 〈사진 7〉은 굽지 않은 해의의 단면인데 검게 보이는 네모(실은 상자 모양)의 하나하나가 한 개의 세포(C)이다. 세포와 세포 사이의 흰 부분(G)이 갈락탄이나 포르피란 등의 다당류이다. 표면(M)에는 만난의 얇은 층이 덮고 있다. 바꿔 말하면 곤약의 얇은 막 속에 한천질이 감싸여 있고 다시 그 속에 세포가 한 층으로 늘어서 있는 상태가 김엽체 한 장의 구조이다.

이 사진에는 3장 반의 김엽체가 포개져 있다. 현미경 사진을 찍을 때는 김엽체를 아주 얇게 떠서 광선이 통할 수 있게 해야 한다. 이 사진도 얇게 뜬 단면을 관찰한 것이다. 세포는 네모꼴 그대로이며 변화가 없다. 다음에 〈사진 8〉은 구운 해의의 세포의 단면 모양이며 구운 해의의 경우에는 세포가 변형되어 있다. 색채는 물론 녹색으로 변해 있다. 모양만이 아니고 하나하나의 세포로 둘러싸고 있는 세포벽까지도 구워졌기 때문에 변질했을 것으로 생각해야 한다. 이 때문에 수분의 통과가 자유로워지고 향기나 맛의 성분도 밖으로 녹아 나오게 될 것이다. 굽지 않은 해의를 입에 넣으면 다소의 감미를 느낄 뿐, 구운 해의와 같은 맛이나 향기는 느낄 수 없다.

해의의 맛은 핵산인 이노신산(Inosinic Acid), 구아닌산, 아미노산의 글루탐산과 알라닌의 맛이 복합되어 있다. 특히 글루탐산과 알라닌이 중요한 역할을 하는 것으로 추정된다.

2. 미역 양식과 새로운 식용 방법

양식 미역이 천연 미역을 대신하게 되었다

미역을 적극적으로 양식하는 나라는 일본과 한국이다. 중국에서도 1970년부터 양식이 시작되었지만 큰 발전은 없으며 다렌(大連)과 칭다오(靑島) 부근을 중심으로 생중량으로 2,000톤 정도가 생산되고 있다.

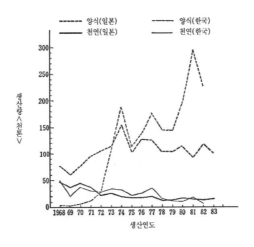

그림 10 | 한국과 일본의 미역 생산량 변동 추세

일본에서는 1954년에 미야기(宮城)현 오나가와(女川)만에서 처음 양식이 시작되었다. 15년 후인 1969년에는 양식으로 6만 톤을 생산했다 (〈그림 10〉 참조). 1974년에는 15.4만 톤에 달했으며, 여기에 자연산 2만 톤을 합해서 17만 톤 이상이 국내에서 생산되었다. 그 후 점차로 감소하여 현재는 약 13만 톤이 국내에서 생산되는데 90%가 양식 미역이며 자연산은 1만 톤 정도에 그치고 있다.

미역의 생활사

미역은 겨울부터 초봄 사이에 잘 자란다. 성숙하면 조체의 기부 쪽에 포자엽(미역귀)이 만들어진다. 그 표면에 무수히 포자낭이 만들어지고 여기서부터 무성 생식 세포인 유주자가 방출된다.

유주자는 10㎛ 정도며 서양 배 모양을 하고 있다. 유주자는 2개의 편모를 움직여서 활발하게 움직인다. 기질(基質)에 부착하면 곧 발아하여 역시 현미경적인 사상체로 된다. 사상체에는 각각의 세포가 가늘고 길게 뻗어 나가 활발하게 가지를 치면서 자라며 이윽고 정자를 만드는 수배우체로 되는 것과 하나하나의 세포가 크고 둥글며 가지가 적게 자라 장차 난자를 만드는 암배우체로 되는 두 가지가 있다. 수배우체에서 방출된 정자는 헤엄쳐서 암배우체의 난자에 접근하여 수정이 이루어진다. 수정란은 사상체(암배우체)에 붙어 있는 상태에서 발아하여 이윽고 미역의 유체로 생장하여 간다(〈그림 11〉 참조).

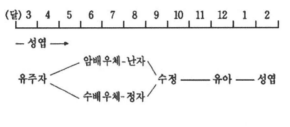

그림 11 | 미역의 생활사

이상과 같은 미역의 생활사에 바탕을 두고 각 단계에서의 배양조건이 밝혀졌으므로 인공 채묘가 가능하게 되었다. 먼저 방출된 유주자를 실(씨줄)에 부착시켜서 발아, 생장시킨다. 이 초기 단계의 10~20일간은 수온 17~20℃, 조도 2,000~6,000럭스로 배양한다. 다음의 중기는 마침 날씨가 더운 여름철이 되므로 수온을 25℃ 전후로 조절하고 조도를 1,000럭스 이하로 억제하여 줄여야 한다. 끝으로 후기는 생식기가 성숙하고 고수온기를 지난 뒤이며 수정란이 발아하여 미역의 유체로 되는 시기다. 수온이 23℃ 이하로 되면 조도를 차츰 높여서 2,000~4,000럭스까지 높여 준다. 다시 수온이 20℃ 전후까지 내려가면 자웅의 생식기가 완전히 성숙하여 수정이 이루어지고 아포체가 형성된다. 이 단계에서는 조도를 4,000~10,000럭스까지 높여서 건전한 어린 싹으로 키워야 한다.

이러한 배양 관리는 바다에서도 할 수 있으나, 유실의 위험도 있고 잡생물의 부착으로 장해를 받을 수도 있으므로 대부분 실내에서 관리하고 있다.

해수 온도가 17℃ 이하로 떨어지면 가이식 단계를 거쳐서 씨줄을 어미줄에 끼우거나 감아 주는 등 본 양성 시설로 옮겨 준다. 성엽의 생장은

12t 이하, 특히 10~15℃에서 가장 잘 큰다. 그래서 양식에 적합한 수역은 수온이 12℃ 이하이면서도 5℃ 이하로 되는 기간이 짧은 곳으로 한정하게 된다. 이러한 수역에서도 미역의 생산량에는 수온의 높낮이가 매우 미묘한 영향을 끼친다. 특히 2월의 수온이 중요한데 미역 분포 구역의 북쪽 한계에 가까운 홋카이도에서는 이 시기의 저온이, 남쪽 한계에 가까운 치바, 도쿠시마와 같이 따뜻한 지방에서는 이 시기의 고온이 생산량을 많이 감소시킨다.

옛날의 가공법과 요리법

미역은 2~5월이 적채 시기다. 이렇게 한정된 시기에만 생산되는 미역을 보관해 두고 1년간 식품으로 이용하는 것이 가공의 목적이다. 그러나 미역은 적채 후 시간이 지나면 해조 특유의 풍미와 색택을 잃게 되고 조체가 물러져 버린다.

예전에는 수확한 미역을 바로 햇볕에 건조하는 소건법(素乾法)이 사용되었다. 이 방법은 건조 때의 조건에 따라 퇴색되기도 하고, 보관 중에 퇴색이 되기도 한다. 또 미역을 깨끗하게 빨지 못하면 세균의 오염이나 협잡물의 부착 등 위생적으로도 문제가 된다. 그래서 조리할 때는 물에 불리거나 적당한 크기로 자르는 등의 손질이 필요하다. 이런 결점을 보완할 수 있는 새로운 가공 기술의 개발이 요구되었는데, 양식 기술의 확립이 바로 가공 기술 개발의 계기를 만들어 주었다. 즉, 1965년대에 생산량이 많이 증가하자 종전의 소건법에 의한 상품 형태만으로는 수요를 충당할 수가 없게 되어 새로운 가공법의 개발이 급하게 되었고 소위 염장 미역의 가공법이 개발되었다.

염장 미역은 생미역에 소금을 고루 뿌려 탈수하고 소금에 쟁여 두는 방법이다. 소건 미역보다 영양소의 보존 상태, 촉감, 풍미 등이 모두 우수하다. 염장 미역의 출현은 소비자의 미역에 대한 인식을 바꾸어 놓았고, 주부들은 이제 아름다운 녹색의 살아있는 미역을 요구하게 되었다.

그리하여 신선한 미역을 끓는 물에 빠른 속도로 통과시킨 다음 냉각 탈수하여 염장하는, 삶은 염장 미역의 제법이 개발되었다. 이 제품은 녹색이 잘 보존되고 촉감도 좋으나 풍미가 약간 떨어진다.

이렇게 제법이 개선되어 가던 중에 마침 인스턴트 된장국의 붐이 일어났고, 이번에는 미역이 인스턴트 된장국의 국거리로 선택되었다. 여기에는 작은 봉지에 1회분씩만 넣어야 하므로 간결하고 균일해야 하며, 생산 규모가 크므로 자동 계량이 가능해야 하고, 국에 넣었을 때 크게 퍼지며, 생미역과 같은 녹색이 선명해야 하는 등 까다로운 조건들이 요구되었다. 이러한 조건에 충족될 수 있게 개발된 상품이 바로 '커트(절단) 미역'[4]이다.

---

4 커트(Cut) 미역: 미역을 가늘게 찢어서 그대로 말린 것으로, 붙여서 말린 미역보다 신선미가 좋다.

새 가공법과 그 이용

커트 미역은 끓는 물에 데친 다음 염장하여 냉동 보존해 두었다가 다시 해동시켜 세척, 탈수, 건조 과정을 거친 다음 재단한다. 이것을 다시 세척, 탈수, 탈염한 다음 회전시키면서 열풍으로 건조하는 것이다.

이 인스턴트성과 풍미, 촉감은 일반 가정에서보다도 사업장의 구내식당 같은 데서 더 호평을 받았다.

메밀국수와 라면 업계에서는 원래 수프 재료로 녹색 채소를 사용해 왔으나 그 가격과 질에 변동이 크고 손이 많이 간다는 단점이 있었다. 이것을 커트 미역으로 대체하면 값이 일정하고 노력도 안 들며 건강식품의 이미지까지 지니게 된다. 이와 같은 이유로 공장, 병원, 학교 등의 급식에서 수요가 많이 늘어났다. 물론 인스턴트 된장국이나 맑은장국으로서의 소비량도 계속 늘고 있다. 커트 미역의 출현으로 지금까지는 된장국, 초무침 등의 재료로만 이용되던 미역이 메밀국수, 라면, 샐러드(Salad) 등 인스턴트식품뿐만 아니라 서양식 요리에까지 널리 이용되게 되었다.

커트 미역은 일본뿐만 아니라 외국인의 식사에서도 친숙해질 수 있는 식품인 것 같다. 좀 더 시간을 들여 연구하면 좋은 성과가 있을 것으로 생각된다.

또 미역의 분말도 장래성이 있는 제품이다. 우동이나 메밀국수뿐만 아니라 빵, 쿠키, 비스킷, 엿 등에 첨가물로 이용하는 방법이 시도되고 있다. 특히 미역이라는 이름에는 건강식품적인 여운을 풍기고 있어 그 명성과 함께 신제품 개발을 위한 노력을 하고 있다.

일본인들은 별로 느끼지 못하고 있으나, 미역과 같이 우리 주변에서 흔하게 대할 수 있는 전통식품은 그 풍미나 촉감에 대한 요구가 매우 까다롭다. 일본인 사이에 있어서는 "그저 끈기가 없다"는 정도의 표현으로 이해할 수도 있겠지만 외국인을 상대할 때에는 그렇게 간단한 것이 아니다.

지금 일본은 한국으로부터 매년 생중량으로 환산하여 7만 톤 이상의 미역을 수입하고 있다. 이것을 보고 중국에서도 일본 수출을 기대하고 있다. 더구나 일부 사람들은 미역 가공 기술을 표면적인 부분만 설명해 주면서 내일이라도 당장 일본으로 수출이 가능한 것처럼 말하고 있다. 이런 말을 믿고 대규모 생산에 들어갔다가 "이런 제품으로는 안 되겠다"고 거절당하게 되면 큰 문제가 아닐 수 없다. 그들에게 '이 미역은 끈기가 없다'고 한들 이해가 잘 안 될 것이다. 오히려 트집을 잡는다고 오해할 것이 뻔하다.

사실은 이미 이러한 문제가 야기되었고, 중국인들은 일본인들에게 큰 불신을 갖게 되었다. 이런 상품의 경우는 미리부터 일본의 까다로운 평가의 미묘성 등을 충분히 설명해 둘 필요가 있다. 그렇지 않으면 불필요한 오해를 받게 될 것이다.

3. 천연 다시마와 양식 다시마

일본은 천연 다시마가 주류

일본의 다시마 생산량은 건중량 3만 톤 전후로 거의 일정하다. 그 90% 이상이 홋카이도 산이며 나머지가 동북쪽의 일부 지방에서 생산된다.

대부분이 천연산이며 1970년경부터 시작된 양식 다시마의 생산 비율은 15년이 지난 현재까지도 15% 정도밖에 신장하지 않았다. 지금 해의가 거의 전부이며, 미역은 90% 이상이 양식산인 사실과 비교하면 너무도 상이하다.

그 원인은 일본인들의 다시마의 용도가 식용으로 한정되어 있고 맛국물용이 30%, 조림과 도로로곰부[5](실 다시마) 등으로 가공되는 것이 70%이므로 잎이 두텁고, 충실기를 지나서 살이 두꺼운 다시마가 아니면 쓰이지 않기 때문이다. 이처럼 다시마는 2년생의 성엽이 아니면, 일년생 물 다시마라고 하여 이용하려 들지 않는다.

---

5 도로로곰부: 마(도로로)와 다시마(곰부, 昆布)의 합성어로, 다시마를 실처럼 가늘게 썰어 만든 식품명.

이와 같이 1년생 양식 다시마는 2년생 천연 다시마보다 품질이 떨어지며, 그렇다고 양식으로 2년까지 관리하게 되면 위험률과 경제적 부담이 너무 많다는 점이 다시마 양식의 어려움이자, 발전이 더딘 원인이 아닐까 한다. 그 대신, 소비 방법이 일본과 전혀 다른 한국에서는 1,000톤 전후 되는 생산량의 80% 이상이, 중국에서는 약 25만 톤의 생산량 전부가 양식으로 생산되고 있다.

다시마의 일생

8~9월에서부터 11월 사이에 다시마 엽체의 양쪽 표면에 생식기인 유주자낭이 만들어지고 여기서 유주자가 방출된다. 유주자의 크기는 10㎛ 정도로 서양 배 모양이고 2개의 편모를 움직여서 유영한다. 유주자가 기질에 부착하면 곧 발아하여 현미경적인 크기의 암, 수의 배우체가 된다. 수배우체에서 만들어진 정자가 암배우체에 있는 난자에 수정되면 수정란을 만들고, 이 수정란이 발아하여 어린 다시마가 되기까지는 미역과 비슷하다(〈그림 12〉 참조).

바다에서 다시마의 유체가 나타나는 것은 1~3월이다. 4~5월이 되면 생장 속도가 매우 빨라지고, 2m 정도로 자란 다시마는 하루에 3~4㎝씩 자라서 반년 정도면 3~5m가 된다. 긴 조체는 15m가 되는 것도 있다.

겨울에서 여름 사이에 자란 1년생 다시마는 엽체가 얇다. 여름과 가을 사이에 생식기가 만들어지기 시작하면 생장이 일시 중지되고 뿌리가 헐

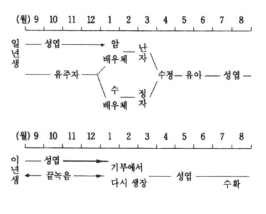

그림 12 | 다시마의 생활사

거워져서 유실되는 것도 많다. 그러나 살아남은 조체는 겨울에서부터 이듬해 봄 사이에 다시 생장하기 시작하면서 2년생의 두꺼운 다시마가 되어 수확 대상이 된다.

다시마가 이와 같은 과정을 거치는 것은 그 생장점이 엽체부와 줄기부의 사이에 있고, 여기서 분열되는 신생 세포가 낡은 엽체 부분을 밀어 올리면서 성장하기 때문이다.

중국의 다시마 양식법

여기서는 중국의 다시마 양식에 관한 이야기를 소개한다. 1950년경 중국의 다시마 양식이 시작된 초기에 사용된 종묘는 '추묘(秋苗)'라고 부르는 종묘였다. 이 추묘의 채묘법은 9월 하순~10월 하순에 모조가 많은 곳에 채묘틀을 매달아 두기만 하면 모조로부터 방출한 유주자가 이 채묘틀에 와서 착생한다. 즉 바다에 띄워 둔 뗏목에 달아매 둔 채묘틀에는 유주자가 착생하여 배우체로 되고, 다시 여기에서 다시마의 싹이 나는 것이다. 1월경에 다시마의 싹이 보이면 씨줄을 어미줄에 감거나 3~5㎝씩 잘라 끼우고 본 시설로 옮겨서 키운다.

이 방법은 다시마가 자라고 있는 지역이면 아무 설비가 없더라도 어디서나 양식이 가능하다. 그러나 이 채묘법은 채묘에서 분묘까지 3개월 이상이 소요되므로 그 사이에 씨줄틀에 부착한 잡초나 동물을 구제하는 데에 많은 노력이 필요하다. 그리고 분묘에서 수확까지의 기간이 5개월밖에 안 되므로 수확량이 적고 품질도 떨어진다.

이러한 결점을 개선한 '하묘(夏苗)'에 의한 양식법이 1955년경부터 실용화되었다. 이 방법은 수온이 아직 23℃ 이상으로 상승하기 전인 7월 중순 하순에 채묘를 마친다. 이렇게 채묘한 종묘를 실내의 저온 수조에서 키워 10월에는 다시마의 유체가 나오도록 관리한다.

이렇게 배양된 종묘는 10월 중, 하순에 수온이 19℃ 전후로 떨어질 무렵에 맞추어 바다로 옮겨서 양식한다. 즉, 10월 말~11월 상순 사이에 10~15㎝의 다시마 유체로 자란 씨줄을 어미줄에 끼워서 본양성이 시작되는 것이다.

이와 같은 하묘를 이용한 양식법은 추묘를 이용하는 것보다 양성 기간이 2~3개월 길어지므로 다시마 한 잎의 무게가 30~50%까지 증가하고 품질도 크게 좋아져서 1년생 다시마이면서도 2년생 다시마에 가까운 제

사진 9 | 다시마 양식 시설

품이 된다. 이 다시마를 촉성 다시마라고 부르며, 육상에 온도 조절용 배양 장치를 만들어 주기만 하면 인공 종묘를 조기에 만들기 때문에 난해 수역에서도 5~15℃의 성장적 수온 기간을 온전하게 활용할 수 있어 질 좋은 다시마를 생산할 수 있다.

또 비교적 고수온에서도 잘 자랄 수 있는 품종 개발 등 육종학적인 연구 성과에 힘입어, 다시마 생산이 전혀 없던 중국은 연간 25만 톤을 생산하게 되었다.

1970년경부터는 일본에서도 이 방법에 의하여 도쿄만, 세토나이카이, 아리아케 바다의 일부에서 양식이 시작되었다.

중국의 신품종 개발 방법

중국에서는 생산된 다시마의 1/3이 식용으로 이용되고 나머지 1/3인 약 9만 톤이 알긴산이나 아이오딘의 제조 원료로 쓰인다.

다시마를 이러한 목적으로 이용하기 위해서는 그 목적물의 함유량을 늘리고자 하는 것이 당연하다. 그리고 다시마 엽체의 생육 온도 범위는 0~13℃, 적온 범위는 5~10℃이다. 수온이 13℃ 이상으로 올라가면 생장 속도가 늦어지고 앞 끝부분에서 유실되기 시작한다. 또 20℃ 이상이 되면 암, 수배우체의 정상적인 생육이 안 된다. 다시마는 이와 같은 제약 요인에 의하여 분포 범위가 규제된다.

그러므로 지금 다시마의 양식 수역을 남쪽까지 확장하려면 높은 수온에 견디는 품종이 필요하다. 그러나 자연산 다시마에서는 이런 조건의 품종을 찾기 어렵다.

1950년대부터는 칭다오에 있는 산동 해양학원, 해양연구소, 서해수산연구소 등이 중심이 되어 다시마의 유전 육종학적 연구가 시작되었다. 그 결과 860, 해청 1호, 2호, 3호, 4호 및 35X, 243호 등의 신품종이 개발되어 실용화되었다.

그중에서 860호는 1950년에, 243호는 1972년에 선발 육성되었다. 해청 1호는 탱크에서 배양된 배우체를 고온처리하고 여기서 견디어 살아남은 소수의 배우체로부터 만들어진 다시마를 바다에서 키웠으며 여기서 받은 유주자로부터 자란 배우체를 다시 고온 처리하고, 고온에 견디는 배우체를 선발하는 방법을 반복하였다. 전후 4년간, 3회의 선발처리와 2회의 자가 교배를 한 끝에 1964년에 신품종이 탄생한 것이다.

해청 1호는 엽체의 폭이 넓고, 2호는 길이가 길며, 3호는 두텁고, 4호는 엽체가 얇다는 특징을 지니고 있다. 또 35X는 1970년에 만들어졌는데 배우체에 4,000R(뢴트겐)의 X선을 조사하여 살아남은 소수의 배우체 중에서 얻어진 품종이다. 이들 품종은 고수온에 대한 저항력이 있어 이런 조건에서도 잘 자란다. 가령, 해청 1호는 북쪽의 칭다오에서는 다른 품종과 비교하여 56%만이 증가하였으나 남쪽의 샤먼(廈門) 지방에서는 115%의 생산 증가가 있었다. 또 860호와 35X는 아이오딘 함유량이 20~58%나 높다.

1976년부터 1978년 사이에 개발된 품종으로 '단일(單一)'이 있다. 이 품종은 엽체가 비교적 크고 튼튼하며, 성숙이 잘 되고 중대부(中帶部)가 폭이 넓은 장점이 있으나 엽체가 좀 얇다는 결점도 있다. 그러나 최대 장점은 자성 배우체가 수정하지 않고도 무성적으로 성장하여 앞에서 말한 특징을 지닌 훌륭한 엽체로 빠르게 성장한다는 점이다.

이때, 반수성인 염색체가 자연적으로 전수성인 2n으로 되돌아가는 기능을 갖추고 있는 셈이다. 물론, 이 엽체에서 만들어진 유주자는 모두 암배우체로 발아하며, 수배우체가 없어도 훌륭하게 번식이 가능한 특수한 성질을 갖는 다시마이다.

1978년에는 이 암배우체에 야생 품종의 정자를 교배하여 새 잡종을 만들었다. 그 후 잡종 간의 자웅을 교배시키면서 선발을 반복한 결과, 1983년에 겨우 형질이 안정되어 신품종인 '단해일호(單海一號)'가 탄생하였다.

이 품종은 엽체 전체가 비교적 두텁고 특히 중대부의 폭이 넓고 두꺼우며 엽체에 탄력이 있고, 생육 후기의 유실이 적은 데다가 병해에도 강한 장점이 있다. 또 생산량이 10%가량 높고 질이 좋은 제품으로 단가 또한 높아 수입도 늘었다.

중국에서의 이와 같은 육종에 의한 품종 개량은 다시마만이 아닌 미역과 김, 거대 해조에 이르기까지 많은 연구가 있다. 최근에는 생물공학적인 새 기술까지 도입되어 조직 배양, 세포 융합 분야까지 포함된 새로운 분야가 개척되어 가고 있다.

3장

모습을 바꾸는 해조

해조 공업의 성립 과정

일본인에게 있어서는 특히 해조의 추출 성분이라고 하면 왠지 낯선 말 같아서 빨리 생각이 떠오르지 않을지도 모른다.

해조에서 추출된 성분은 우리 일상생활에서 많이 쓰이고 있다. 아침에 일어나 자마자 쓰는 치약, 로션, 크림 등의 화장품, 아이스크림, 셔벗, 주스, 소스 등의 식료품, 제지(製紙)와 견직물에 쓰이는 풀 등 하루에도 해조의 추출 성분과 접하지 않는 날이 없을 정도로 다양하다.

해조 공업은 17세기 말부터 18세기 초 무렵 프랑스에서 해조로부터 유리와 도자기 제조에 필요한 소다를 생산하면서 시작되었다. 그 뒤에 염화포타슘(KCl), 탄산포타슘(KCO₃)도 만들면서 해조 공업은 더욱더 중요하게 되었고, 1920년 이후에는 영국을 비롯하여 네덜란드, 덴마크, 노르웨이 등으로 확대되어 갔다.

그러나 1800년대 후반에 들어서면서 보다 값싼 소다 제조법이 개발되었고, 해조류는 소다의 원료로서는 가치가 없어졌다. 그러나 해조류는 아이오딘 원료로 이용됨으로써 그 가치가 유지되었다. 그런데 다시 아이오딘 제조법이 새로이 개발되었으므로 백수십 년 동안 이어져 오던 해조 공업의 번영은 일단 막을 내리게 되었다.

마침 그 무렵에 갈조류에서 알긴산을 추출하는 기술이 개발되었으므로 이번에는 알긴산 제조 쪽으로 전진하게 되어 해조 공업은 다시 활로를 되찾게 되었다. 지금은 알긴산뿐만 아니라 카라기닌, 한천 등이 해조로부터 공업적으로 제조되고 있다. 1980년에 수확된 해조류 65만 톤 중에서 약 40%에 해당하는 27만 톤이 이들 해조 점질물의 제조에 쓰인 것으로 추정되고 있다.

1. 알긴산과 그 이용

알긴산의 제조

다시마, 미역 등의 갈조류는 물에 담가 두면 끈적끈적한 찰기를 느끼게 되는데 이 점질 성분의 일부가 알긴산이다. 알긴산은 갈조류에만 들어 있다.

알긴산 제조용 원조로는 알긴산이 많이 함유되어 있어야 하고, 색소나 탄닌질이 적어야 하며, 또 대량으로 그 종류만이 모여 무성하게 자라고 있으므로 채집이 손쉬워야 한다.

이러한 조건에 부합된 해조류는 그 종류가 그리 많지 않다. 일본에서는 다시마, 감태, 대황 등이 이용되어 왔는데 지금은 모두 수입 원조에 의존하고 있다. 한편 노르웨이, 영국 등 북유럽에서는 뜸부기 무리의 일종인 아스코필럼(Ascophyllum)이나 다시마 무리가, 미국의 태평양 연안에서는 거대 해조로 불리는 마크로시스티스(Macrocystis)가 원료로 이용되고 있다. 또 남미 칠레 연안에 생육하고 있는 렛소니아(Lessonia)라든가 남아프리카산인 곰피무리 등도 중요한 자원으로 이용되고 있어 알긴산 생산국으로 수출되고 있다(〈사진 10〉 참조).

사진 10 | 마크로치스티스의 군락(캘리포니아) 엽체장은 50~60㎝ 정도 된다

알긴산 원조는 수온 20℃ 이하의 저수온 수역에서 나는 종류가 대부분이며, 이들 원조는 20~40%의 알긴산을 함유한다.

알긴산의 원조와 알긴산의 생산량을 정리하면 〈표 3〉과 같다. 이 숫자는 FAO의 자료를 근거로 하여 그 후의 추이를 가미한 것이다. 전 세계의 알긴산 원조 생산량은 약 10만 톤, 그 41%가 북미와 미국에서 난다. 다음이 유럽으로 30%, 칠레를 중심으로 한 라틴아메리카에서 19%가 난다. 이처럼 미국, 노르웨이, 칠레, 멕시코, 아일랜드가 주요 원조 생산국이다.

알긴산의 생산량은 미국과 영국이 가장 높고 다음이 노르웨이, 일본 순이다. 지역별로 보면 유럽이 총생산량의 53%로 반 이상을 차지하며, 북미 35%, 아시아 13%이다.

	알긴산 원조량(t)	알긴산 생산량(t)
인도	1,600	450
일본	소량	2,000
필리핀	1,750	-
한국	1,220	-
타이완	소량	소량
<아시아>	4,570	2,450
브라질	소량	-
칠레	10,000	-
멕시코	9,000	-
<중남미>	19,000	-
캐나다	2,000	700
미국	40,000	6,000
<북아메리카>	42,000	6,700
프랑스	-	1,250
아이슬란드	3,000	-
아일랜드	9,000	-
노르웨이	15,000	3,000
스페인	소량	소량
영국	4,000	6,000
<유럽>	31,000	10,250
남아프리카	3,000	-
<아프리카>	3,000	-
호주	3,000	-
<대양주>	3,000	-
합계	102,570	19,400

표 3 | 지역별 알긴산 원조와 알긴산의 생산량(추정값). 중국(원조 20,000t, 제품 3,000t)의
자료는 포함되어 있지 않음

이것은 알긴산의 제조가 영국, 미국, 노르웨이, 일본 등의 선진국에 한정되어 있음을 뜻한다. 이들 선진국은 아이슬란드, 아일랜드, 칠레, 멕시코 등지에서 원조를 수입하여 생산하고 있다. 일본은 7500만 톤의 원조를 수입하여 약 2,000톤의 알긴산을 만들고 있는데 52%의 원조는 칠레에서 수입하고, 남아프리카와 아르헨티나에서 각각 24%씩을 수입하고 있다.

알긴산 공업은 제2차 세계대전 후에 빠른 속도로 발전한 산업이며 그 선구적 역할을 한 나라는 미국과 영국이었다. 또 노르웨이는 자국에서 생산되는 풍부한 자원을 이용하여 산업을 발전시킨 나라이며, 일본은 기술만 있을 뿐 원조의 대부분을 수입에 의존하고 있어 매우 대조적이다.

알긴산의 추출은 비교적 간단하지만, 불용성 셀룰로스를 제거하는 데는 고도의 기술이 필요하기 때문에 회사마다 이 문제를 해결하기 위한 연구가 집중되고 있다. 해조류는 생육 장소의 환경 조건에 따라서 추출 성분의 성질이 미묘하게 달라지는 특성이 있는데, 이 문제를 해결하기 어렵게 만들고 있는 점이 천연산물인 해조류를 원료로 하는 산업의 숙명적인 문제라고 할 수 있다. 또 원료로 이용하는 갈조류의 종류가 달라지면 알긴산의 성질도 미묘하게 변한다. 그러므로 독특한 성질을 가진 제품을 만들기 위해 몇 가지 원조를 혼합하여 신제품을 개발하는 회사도 있다.

알긴산의 용도

알긴산은 그 자체도 식품 첨가물로 이용되지만 그 용도가 다양할뿐더러 소듐, 암모늄, 칼슘 등과 결합하면 결합 물질에 따라 그 성질이 각각 달라지므로 사용 목적에 따라 가장 적합한 형태의 제품이 선택되고 있다. 가령 알긴산소듐이나 알긴산암모늄은 물에 녹으면 점도가 높은 수용액이 된다.

이 수용액은 가열하거나 냉각해도 굳어지지 않는 성질이 있으므로 안정제(安定劑), 증점제(增粘劑)로서 이용되고 있다. 또 이 수용액에 중금속을 가하면 불용성으로 되어 굳어져 버리므로 경수연화제(硬水軟化劑), 청징제(清澄劑), 치과인상제(齒科印象劑) 등으로 쓰이고 있다. 또 알긴산칼슘과 같은 물에 녹지 않는 성질은 물에 적시면 부드러워지지만, 말리면 매우 단단해지므로 플라스틱재, 방수재, 주형재(鑄型材) 등에 쓰인다.

알긴산의 용도별 소비 비율을 보면 그 절반이 직물용 풀로 사용되고 있다. 한마디로 직물용 풀이라고 하지만 마무리용, 세탁용, 방수용 등이 있으며 특히 날염제(捺染劑)로 중요하게 쓰이고 있다(〈표 4〉 참조).

용도	총량에 대한 비율(%)
직물용호료	50
식료	30
제지	6
용접봉	5
제약	5
기타	4

표 4 | 알긴산의 용도별 소비 비율(세계)

이 분야의 이용은 1960년대 중반에 영국에서 시작되었다. 알긴산은 면사(綿絲)의 셀룰로스와 화학적으로 반응하므로 면사가 잘 염색되며 세탁해도 탈색이 되지 않는다. 또 염색할 때에 선염(渲染)이 자유롭고 광택도 오래 지속하는 장점이 있어 지금도 널리 활용되고 있다.

그다음 알긴산 소비량의 30%가 식품 공업에 이용되고 있다. 여러 가지 식품, 주로 유화제, 안정제, 응고제 등으로 이용하고 있다. 그 제품으로는 냉동식품, 식물 단백으로 만든 의육제품(疑肉製品), 젤리, 아이스크림, 맥주, 과일주스, 미트 소스, 샐러드드레싱, 유제품 등이 있다.

알긴산은 매끄럽고 높은 점성과 큰 친수성을 지니고 있어서 적은 첨가량으로도 효과가 크며, 젤리로 되는 성질이 있고, 녹말의 노화가 방지되며, 유화(乳化)된 거품의 높은 안정성 등 여러 가지 장점을 갖고 있다.

식품 시장에서 알긴산의 이용 방법은 나라마다 다르다. 미국에서는 영국에서보다 유제품의 이용도가 크다. 또 아이스크림의 안정제로서의 첨가는 유럽에서는 영국에서 가장 많이 이용하고 있다. 유럽에서는 소프트크림의 안정제로서 카라기닌이 사용되고 있으며 알긴산은 이용되지 않는다. 미국에서는 알긴산, 프로필렌 글리콜에스테르[1]가 안정제로서 샐러드드레싱에, 포말제로서 맥주에, 유화제로서 버터 시럽에 이용된다.

---

1 알긴산 프로필렌 글리콜에스테르(Prophyleneglycolester Algrinic Acid): 알긴산의 카르복시기에 프로필렌옥사이드를 가온, 가압 하에 결합한 에스테르 분말이며 찬물, 더운물, 산성 용액에 잘 녹고 칼슘, 금속염 등에 의한 침전이 안 된다. 낮은 농도에서도 높은 점도를 나타내므로 안정제로 사용한다.

알긴산 이용의 새로운 시도

알긴산은 첫째, 가열해도 녹지 않는 성질이 있으므로 열처리로 살균이나 요리가 되며, 냉동에 대해서도 안정성이 있어서 냉동식품에 대한 첨가가 가능하다. 둘째, 가열하지 않고 냉수 상태로도 간단하게 젤리가 되는 성질과 새알, 국수, 기둥 모양 등으로 자유자재로 그 모양을 만들 수 있다. 셋째, 식품을 알긴산 필름으로 직접 코팅할 수 있게 되었다. 넷째로 소유성(疎油性)이 있어서 기름이 잘 빠지므로 기름을 절약하게 되고, 기름기가 적은 새로운 식품 개발을 시도할 수 있게 되었다.

현재 많은 선진국에서는 위에서 언급한 알긴산의 우수성 외에도 ① 칼슘을 많이 가진 식품이나 산성 식품에 사용해도 안정하며, ② 유화제(乳化劑)로서 기름과 물이 혼용되는 식품에도 이용됨과 동시에 식품 향료를 안정화할 수 있고, ③ 유산균 음료의 안정화에 효과가 크며, ④ 거품을 오래도록 유지할 수 있는 등의 성질을 갖고 있다. 이러한 성질을 가진 알긴산 프로필렌 글리콜에스테르의 이용도가 높다.

제지업계에서는 6%의 알긴산을 소비하고 있다. 주로 표면을 매끄럽게 코팅하는 사이징제로 이용되고 있다. 그러나 이 분야에의 이용은 다른 시약을 사용할 수도 있으므로 알긴산의 가격과 미묘한 관계가 있다.

전 세계에서 알긴산 소비량의 5%는 용접봉으로 이용되고 있다. 또 여러 가지 주형(鑄型)으로도 사용되는데 일부 공업국에서는 약 10%까지 달하고 있다.

그 밖에도 제약업계에서는 정제(錠劑)의 성형제로서 없어서는 안 되는 것이며, 화장품에는 증점제(增粘劑)로서 세발제, 로션, 크림, 치약, 연고(軟膏) 등에 쓰인다.

알긴산은 총생산량의 약 60%가 미국과 영국의 3개사에서 생산되며 노르웨이 15%, 일본 10%, 프랑스 6% 등 선진국들이 생산의 대부분을 차지하며 저마다 소비 시장을 확보하고 있다.

여기서, 일본의 알긴산 공업의 동향을 살펴보면, 1983년도에 총판매량 2,537톤의 40.5%가 섬유용이고 12.6%가 식품용, 15.6%가 공업용 9.6%가 의약용, 그리고 21.6%가 수출되고 있다. 전 세계의 소비 비율(표 4)과 비교해 보면 섬유용, 식품용의 비율이 낮고 공업용, 의약용의 비율이 높다.

또 1978년과 1983년도를 비교해 보면, 섬유용은 거의 신장하지 않은 것에 비하여 공업용은 23%, 식품용은 37%의 신장을 보인다. 또 의약용은 86%로 크게 신장하였다.

2. 카라기닌과 그 이용

카라기닌의 생산

카라기닌[2]의 공업 규모적인 생산은 1948년에 영국에서부터 시작되었다. 그러나 제조와 수요량이 크게 신장한 것은 최근 20년 전의 일이다. 1970년대 초까지는 북아메리카나 유럽의 온난한 해역에서 자라고 있는 진두발이나 돌가사리 등의 홍조류를 주원조로 사용하였다.

그 후 필리핀에서 같은 홍조류인 Eucheuma Cottonii의 양식이 시작되면서 카라기닌의 원조 공급 균형에 큰 변화가 일어났다. 현재는 세계에서 생산되는 카라기닌의 46%를 필리핀에서 양식되는 Eucheuma Cottonii으로 충당하고 있으며 상당히 떨어져서 캐나다, 덴마크, 칠레 같

---

2 카라기닌: 해조 콜로이드의 일종이나 19세기 말 아일랜드 해변의 한 마을 이름에서 유래되었으며, 다음과 같은 세 가지 종류가 있다. κ-카라기닌은 κ이온에 가장 강하게 응고되고 부서지기 쉬우며 열에 의하여 점도가 크게 변한다. 냉수에는 안 녹는다. λ-카라기닌은 이온이나 단백질이 있으면 응고가 안 되는데 냉수에 녹고 고도의 점성을 나타낸다. ε-카라기닌은 칼슘염과 반응하여 점탄성이 강한 겔로 된다. 일단 응고하면 이수가 적고 복원성이 강해서 젤리와 같은 제과용으로 많이 쓰인다.

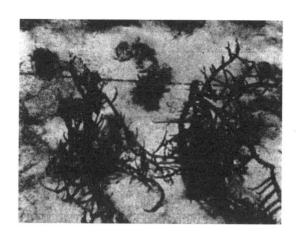

사진 11 | 양식된 Eucheuma(로프에 매달려 있다. 필리핀)

은 나라로 이어진다. 그리고 유럽의 대서양 연안과 북미의 태평양 연안에서 대량으로 수확되고 있는 것이 진두발이나 돌가사리에 속하는 무리들이며 칠레에서는 은행초 무리가 많이 난다. 이들의 대부분은 자연산이다(〈사진 11〉 참조).

전 세계에서 생산되고 있는 카라기닌의 양은 약 14,000톤으로 추정되는데 60% 정도가 유럽에서 생산되며, 33%가 미국, 10%가 아시아 지역으로 되어 있다. 나라별로는 미국, 덴마크, 프랑스의 3개국에서만 85% 이상을 생산하고 있다. 카라기닌 제조 공업은 알긴산 생산국 이상으로 원조를 생산하지 않은 나라에 편중되어 있고, 자국 내에 자원을 갖고 있는 나라는 덴마크뿐이다. 그리고 필리핀, 캐나다, 칠레는 거의 원조만을 공급하고 있다(〈표 5〉 참조).

지역	카라기닌 원조량(t)	카라기닌 생산량(t)	카라기닌 소비량(t)
일본	1,200	400~700	1,000
필리핀	20,000	500	
한국	500	220	
타이완		100	
<아시아>	21,700	1,220~1,520	1,000
브라질		소량	
칠레	5,000	-	
멕시코	600	-	
페루	470	-	
<중남미>	6,070	소량	
캐나다	7,000	-	1,500
미국	-	4,500	3,000
<북아메리카>	7,000	4,500	4,500
덴마크	6,000	4,400	
프랑스	500	2,800	700
아일랜드	소량	-	
포르투갈	400	100	
스페인	1,500	500	
영국	-	100	1,500
독일	-	-	1,000
<유럽>	8,400	7,900	3,200
탄자니아	150		
<아프리카>	150		
호주		-	300
<대양주>		-	300
<기타>			1,000
합계	43,320	13,620	10,000

표 5 | 카라기닌의 원조와 그 생산량(추정값)

카라기닌은 원조를 끓는 물에 담가 두면 녹아 나오는 다당류인 점성 물질의 한 가지로, 이 점성 물질의 화학적인 성질에 따라 세 가지 종류로 구별되고 있다. κ-카라기닌은 마그네슘, 칼슘 등의 이온, 특히 포타슘 이온이 있으면 가장 강하게 겔화하여 젤리 모양으로 굳어진다. 또 밀크 단백을 비롯한 단백질과도 잘 반응해서 젤리 모양으로 변한다. 또 물에 녹이면 그 점도가 고온에서는 낮아지고, 저온에서는 찰기가 더 강해지는 성질이 있다.

이와 같은 성질을 이용해서 페이스트(Paste, 녹말 반죽)나 소스의 제조에 사용된다. 제조 도중에 온도를 높여 두면 찰기가 적기 때문에 운반이나 취급하기가 쉽다. 완성된 후에 온도를 낮추면 일정한 찰기가 나온다. 그러므로 젤리, 아이스크림, 농축 우유, 초콜릿 밀크, 방향제 등의 제조에 적합하다.

λ-카라기닌은 여러 가지 이온이나 단백질이 있어도 굳어지지 않는다. 냉수에도 잘 녹아서 높은 점성을 나타낸다. 또 저온의 고농도 식염수에도 잘 녹으며 안정되어 있다. 이와 같은 성질로 인하여 시럽, 커피 크림, 된장, 소스 등의 첨가제로 사용한다.

ε-카라기닌은 칼슘 이온과 반응해서 탄력성이 강한 젤리상으로 된다. 이것은 동결해도 해동한 뒤에 수분이 거의 스며 나오지 않고 원상으로 되돌아간다. 그래서 젤리나 푸딩과 같은 냉과자(冷菓子)나 방향제의 제조에 적합하다.

카라기닌의 원조

한마디로 카라기닌이라고 하지만 앞에서 보는 바와 같이 세 가지가 각각 다른 성질을 갖고 있다. 특히 그 점성에 큰 차이가 있다. 이용하는 입장에서는 이것들은 매우 중요한 성질이다. 더구나 원조의 종류에 따라 그 모양이 달라지므로 제조 회사로서는 원조의 선택이 매우 중요하며, 원조를 어떤 방법으로 섞어서 쓰느냐에 따라 제조 회사의 특성이 드러난다.

지금 필리핀에서 널리 양식되고 있는 원조는 Eucheuma Cottnoii으로 κ-카라기닌을 만든다. 또 한 가지 원조인 Eucheuma Spinosum은 ε-카라기닌의 원조이다. 그러나 이 종류는 양식 방법에 문제가 있어서 양식할 수 있는 바다가 한정되어 있다. 지금 당장에 해결되어야 할 문제점은 생장 속도이며 이 문제가 해결되지 않으면 양산이 어려울 것이다.

또, 한 가지 원조인 진두발은 n세대에서 자웅 생식기가 만들어지는 과포자체라고 불리는 조체로 κ-카라기닌을 만들며 2n세대인 4분 포자체로는 λ-카라기닌을 만든다. 이처럼 같은 종이라도 n세대와 2n세대에 따라 만들어지는 카라기닌의 종류가 다르다.

현재의 원조 자원량과 그 수요량을 비교해 보면 κ-카라기닌의 원조인 Eucheuma Cottnoii는 필리핀 이외의 여러 아시아 국가에서 본격적인 양식이 이루어지고 있어 현재만 해도 벌써 과잉 생산 상태에 있다.

그러나 카라기닌의 원조인 Eucheuma Spinosum의 생산량은 수요량에 밑돌고 있다. 그러므로 Eucheuma Cottnoii보다 비싼 값에 거래되고 있으며, 필리핀뿐만 아니라 인도네시아의 발리섬에서도 양식이 시도되고 있으며 1979년에 100톤을 생산했다는 보고도 있다.

또 λ-카라기닌의 원조인 진두발의 4분 포자체는 캐나다에서 양식이 시도되고 있으며 'T-4'라는 새 품종까지 만들어져 있다.

카라기닌의 폭넓은 용도

현재 각국의 카라기닌 소비량을 보면, 미국의 3,000톤을 비롯하여 캐나다, 영국, 독일, 일본, 프랑스, 호주 등의 선진국이 전 생산량의 3/4을 소비하고 있다.

주된 용도는 식용이며 50% 이상을 차지하는 것으로 생각되나 그 비율이나 이용 방법은 나라마다 조금씩 다르다. 지금 일본의 용도별 소비량을 보면 〈표 6〉과 같다.

용도	소비량
제과	250
연제품	250
연치마, 화장품	200
냉과	150
방향제	150
기타	250
계	1,250

표 6 | 일본의 카라기닌의 용도별 소비량(t)

먼저 식품 관계에 대한 이용법을 보면 커스터드, 푸딩, 아이스크림, 요구르트, 치즈 등의 각종 유제품을 비롯하여 빵, 스파게티, 케이크, 도넛, 과자빵 등의 제과점 제품, 양갱팥소, 젤리 등의 과자류, 소스, 케첩, 잼, 시럽, 조림, 샐러드드레싱, 된장, 냉동식품 등의 식료품에도 쓰인다. 또 햄, 소시지 등의 축산물 제품에 첨가하면 그 단백질 반응성이나 응고성에 의하여 육류 속에 포함된 미오신과의 반응이 일어나 육즙의 분리가 방지되며 조직이 개선되고 원료에 대한 생산 비율도 향상된다.

카라기닌의 단백질 반응성은 수산 연제품(水産軟製品)에 대해서도 조직을 개선하는 동시에, 보수성이 안정되는 등의 효과가 있다. 예를 들면, 카라기닌을 0.4% 첨가한 어묵은 소위 찰기가 센 제품이 되고, 성형 후에 형태가 허물어지지 않으며, 보수성이 좋고 녹말의 노화도 방지된다.

한펭(半平, 다진 생선살에 마, 쌀가루를 섞어서 반달형으로 찐 전 같은 식품), 계란말이류에서는 0.5%를 첨가함으로써 제품의 결이 가늘고 색채와 광택이 좋은 탄력 있는 제품이 된다. 또 전부터 사용해 오던 '쓰나기(재료의 점성을 높이기 위해 계란이나 산마즙, 밀가루, 전분 등을 넣은 것)'와 비교하여 변색이 적고 원료에 대한 생산 비율도 높아져서 생산 단가를 줄일 수 있게 된다. 또 최근에 주목을 받는 인공육(人王肉)에도 복합 결합제로 사용하고 있다.

식품 이외의 용도로는 보형성(保型性), 증점성(增粘性)을 이용하여 치약에, 또 계면 활성성(界面活性性)을 활용하여 샴푸나 로션에, 친수성과 증점성으로 크림 등의 화장품에 사용된다. 또 응고하는 성질을 이용하여 방향제를 만든다. 카라기닌은 방향제와 치약에 이용되면서 소비량이 많이 늘어났다. 카라기닌은 또 X선 조영제(造影劑)인 바륨액의 현탁제로도 쓰인다.

비단류에 이용되는 카라기닌

가고시마(座島)현 오시마(犬島)는 실을 갈색으로 염색하여 흰 잔줄 무늬로 짠 오시마 명주(大島紬)라는 비단이 특산품이다. 이 견직물은 손으로 작은 실을 데이치키라는 토산 식물을 삶아 낸 물과 갯벌 속에 섞여 있는 철염(鐵鹽)으로 갈색으로 물들인 것이다. 그러나 흰 잔줄무늬로 짜기 위해서는 명주실의 일정한 곳에 염색되지 않게 해야 한다. 그러기 위해서는 염색할 때 실에서 떨어지지 않고 완전히 고착해 있으면서 빳빳하게 건조 되고 또 건조되어도 금이 갈라지지 않는 탄성 풀을 실에 발라 그곳이 염색되지 않게 해야 한다. 이 풀은 Eucheuma Serra로 만들었다. 그러나 오시마의 Eucheuma Serra가 자취를 감추게 되었으므로 지금은 이리오모테(西表)섬에서 나오는 Eucheuma Gelatinae로 풀을 만든다. 이것도 카라기닌을 사용하는 특수한 사례라고 할 수 있다. 즉 이와 같은 용도는 요구되는 성질이 너무나 엄격하여 다른 합성 풀로는 대용이 안 된다. 그러나 CMC 등의 합성 풀로 인하여 시장을 빼앗기는 경우가 많다.

3. 일본에서 세계로 퍼져 나가는 한천

한천 공업의 역사

한천 공업은 일본에서 시작된 산업이다. 제2차 세계대전 전까지는 세계의 한천 수요를 일본이 거의 독점 공급했다. 그러다가 전쟁 중에 수출이 중단되면서 여러 나라에서도 한천 기술을 개발하게 되어 많은 나라에서 생산하게 되었다. 그러나 현재도 총생산량의 1/3 정도가 일본에서 생산된다.

한천은 홍조류의 참우뭇가사리, 개우무, 우뭇가사리의 일종(Gelidium Japonica) 등을 주원료로 하고 새발, 비단풀, 석묵, 꼬시래기 등을 배합조(配合藻)로 섞어서 만든다. 제2차 세계대전 중에 한천 부족으로 고민하던 여러 나라에서는 그때까지 일본에서는 응고성이 적고 점성이 너무 강해서 배합조로만 써오던 꼬시래기의 이용법을 연구하였다. 꼬시래기는 손쉽게 많은 양을 구할 수 있었기 때문이다. 즉 일본이 우뭇가사리 위주의 한천을 고수하고 있는 사이에, 외국에서는 꼬시래기에 가성소다와 염화칼슘을 넣고 가열하여 응고성을 높이는 기술이 개발되어 우뭇가사리를 쓰지 않고도 한천을 생산하게 되었다. 지금은 꼬시래기 한천의 생산량이

사진 12 | 우뭇가사리의 건조 광경

급진적으로 신장하여 우뭇가사리를 원조로 한 한천의 생산량에 거의 육박하고 있다(〈사진 12〉 참조).

또 전후의 한천 공업은 해조 공업 중에서 전혀 특이한 존재로 되어 있다. 이 장에서는 알긴산이나 카라기닌 공업과도 비교해 보고 싶다.

일본에서 한천 제조가 시작된 것은 1600년대 중반이라고 한다. 우무의 제조법은 중국에서 전해 왔지만, 겨울에 막대 모양의 우무를 옥외에 내놓아 얼게 하여 한천을 만드는 방법은 일본에서 시작되었다.

현재 한천 생산의 중심지의 하나인 지노(茅野)시를 중심으로 한 스와(諏訪) 지방의 한천 제조는 1870년대에 시작되어 1889~1890년경에 안정된 산업으로 성장했다. 또 1925년에는 기후현 시모야마토(下山門) 마치에서 생산이 시작되었다. 지금은 이 두 지역이 주생산지이다.

한천의 제조 방법

우뭇가사리 등의 원조와 꼬시래기 등의 배합조(配合藻)를 잘 끓여 원조에 포함된 한천질을 완전히 추출한다. 이것을 여과한 다음 직사각형 상자에 부어 넣고 응고시켜 우무를 만든다. 이 우무를 야외에서 동결과 해동을 반복하면서 불순물을 제거하고 탈수한다. 약 2주간이면 98% 남짓한 수분을 함유하고 있던 우무에서 수분이 거의 없어지고 해면 모양의 한천이 된다.

동결에는 야간의 기온이 -5℃~-15℃의 범위가 이상적이다. 다음날 기온이 상승하면서 자연적으로 해동되고 얼었던 수분이 불순물과 함께 빠져나간다. 이때 해동도 천천히 진행되어야 하므로 3℃~10℃가 적온이다. 이러한 작업을 2주간 반복한다.

한천 제조의 환경 조건으로는 온도 조건만이 아니라 햇볕이 강하지 않고 바람, 비, 눈, 서리가 적은 곳이어야 하며, 먼지가 없으면서 양질의 자연수(연수)가 풍부하고 교통이 편리한 곳이어야 한다. 이와 같은 곳이 어디에나 있는 것이 아니므로 한천 제조는 자연히 한정된 지역에 집중되고, 제조 기간도 겨울 3개월의 단기간으로 한정된다.

이와 같은 입지 조건 때문에 인공적인 조건을 만들어서 연중 가동하는 방법을 생각하게 되었다. 더구나 꼬시래기를 원조로 하는 한천을 만들려는 나라 대부분이 따뜻한 나라이므로 건조 방법이 기계화되지 않으면 안 된다. 기계 동결로 건조한 한천을 공업 한천이라 한다. 여기에는 원조를 약품 처리하여 만든 화학 한천도 포함된다. 공업 한천은 가루 또는 얇은

조각(Flake) 모양이다. 현재 세계의 한천 생산량의 약 75%가 공업 한천이
며 나머지는 자연 한천으로 추정된다.

한천 원조의 공급

한천 원조는 여러 나라에서 생산된다. 그러나 대량으로 생산되는 나라
는 칠레, 스페인, 한국, 일본이다(〈표 7〉 참조). 자연산 원조를 이처럼 대량
으로 수집할 수 있는 배경은 알긴산이나 카라기닌 원조보다 가격이 높기
때문이다. 원조 가격은 물론 그 질, 특히 젤리의 강도에 따라 다르며 좋은
원조에 대한 수요가 높고 따라서 가격도 비싸다.

원조의 조건으로는 잡해조나 조개껍질 같은 잡물이 섞이지 않아야 하
고, 규조나 다른 부착 생물이 없어야 하며, 건조가 잘 되고 보존 상태가 좋
아야 한다. 이러한 원조는 좋은 값을 받는다.

원조의 이러한 까다로운 조건 때문에 양식이 더 유리하다. 우뭇가사리
의 양식 방법은 아직 산업적으로는 되지 못했으나, 꼬시래기 양식 방법은
대만, 인도, 중국 등지에서 일부 양식되고 있으며 필리핀, 인도네시아, 말
레이시아, 스리랑카 등지에서 시험 양식이 진행되고 있어 가까운 장래에
는 어느 정도의 효과가 나타날 것이다.

최근에 꼬시래기 양식을 더욱 촉진할만한 요인이 생겼다. 그것은 원조
공급 총량의 1/3 정도를 생산하고 있는 칠레에서 자원의 전망에 약간 불
안감을 느끼기 시작했다는 점이다. 그 원인의 하나가 알긴산 원조처럼 엘

	한천 원조량(t)	한천 생산량(t)
인도	180	30
일본	3,500	2,400
필리핀	1,500	30
한국	5,000	700
스리랑카	30	-
타이완	1,200	150
<아시아>	11,410	3,310
아르헨티나	1,600	150
브라질	1,500	180
칠레	11,000	670
멕시코	1,100	120
<중남미>	15,200	1,120
프랑스	250	70
포르투갈	1,500	300
스페인	5,500	650
<유럽>	7,250	1,020
모로코	1,500	350
남아프리카	1,000	-
<아프리카>	2,500	350
뉴질랜드	200	60
<대양주>	200	60
합계	36,560	5,860

표 7| 지역별 한천 원조 및 한천의 생산량(추정값)

니뇨(Elnion)의 영향이다. 그러나 그보다 더 큰 원인은 풍부한 듯이 보였던 자원량에 너무 의존하여 남획했기 때문이다. 꼬시래기는 비교적 생장이 빠른 해조다. 그렇다고 단번에 너무 많은 양을 적채하면 원조의 재생산량을 웃돌아 아차할 사이에 그 자원이 고갈되고 더구나 재생산력까지 빼앗아 버리는 결과가 되는 것이다.

일본의 꼬시래기 자원이 감소한 것도 그 생산지가 공업 용지의 조성으로 매립되었기도 했지만, 남획에 의한 재생산력까지 빼앗았기 때문이다. 칠레의 꼬시래기 자원 관리가 최악의 상태에까지 도달했는지의 여부는 지금 상태로는 단정할 수가 없다. 그러나 그 재생산력에 걸맞게 수확량을 조절할 필요가 있다. 더구나 5년에 한 번은 대규모의 엘니뇨가 발생하는 장소이므로 그것까지도 고려한 자원 보호가 필요하다.

한번 확대한 한천 생산 파이프를 축소하기는 어렵다. 그러므로 필요한 원조량의 절반 이상을 양식으로 메우고, 자연산 공급은 보조적인 역할에 멈추는 체제로 전환해야 할 것이다.

중국의 꼬시래기 양식

여기서는 꼬시래기 양식의 구체적인 예를 중국에서 찾아보기로 한다. 중국에서 1960년대에 꼬시래기 양식이 일차 시도된 바 있으나 1970년대에 들어와서 중단되어 버렸다. 그 원인은 그 당시 정부가 정한 원조 가격이 너무 낮았기 때문이다.

그러나 최근에는 중국에서 한천 수요가 증가하기도 하여 1983년부터 광둥성(廣東省)을 중심으로 양식이 재개되었다. 이하는 광둥성에서 이루어지고 있는 방법의 한 가지를 소개하겠다.

사진 13 | 꼬시래기의 양식 시설

꼬시래기가 성숙하는 3~4개월에 포자액을 만들고 포자를 씨줄에 부착시킨다. 7월에는 1㎝ 정도의 유아가 된다. 그 후 수온이 높은 여름에는 성장이 멈추지만 10월이 되면 다시 생장하기 시작하여 11~12월에는 5~10㎝까지 자란다. 여기서 씨줄을 잘라 어미줄에 끼워서 본격적인 양식으로 들어간다. 채묘와 육묘 관리는 실내에서도 가능하다. 수온이 22~15℃까지 내려가는 12월부터 다음해 3월까지는 빨리 자라서 보통의 것은 60~70㎝, 큰 것은 1m까지도 된다(〈사진 13〉 참조).

얕은 바다에 지주를 세워 길이 8m, 폭 1m의 그물을 치기도 하고(망식 협묘 양식법, 網式夾苗養殖法), 길이 20m, 폭 2m의 뗏목에 15줄의 어미줄을 14㎝ 간격으로 평행으로 치고(심수벌지 양식법, 深水筏式養殖法), 이 그물이나 어미줄에 씨줄을 끼워 양식하고 있다.

꼬시래기와 가까운 다른 품종은 바닷가에 산재하는 비중이 낮은 못에 거칠게 자른 조체를 살포하여 생장시키는 방법(기수지 양식법, 汽水池養殖法)도 있다.

광둥성에서는 이와 같은 방법에 의한 생산량과 자연산을 합해서 건중량으로 3,000톤의 꼬시래기가 생산되고 있다. 이렇게 생산량이 늘어난 것은 양식에 의한 생산량의 증가에 기인한 것으로 생각된다.

또 대만에서는 광둥성의 기수지 양식법과 같은 방법에 의하여—양식되고 있는 종류도 아마 같을 것이다—원조를 키우고 있는데, 여기서는 그 못에서 밀크피시(Milkfish)[3]를 양식하고 있어 원조를 물고기의 먹이로도 이용하고 있다.

일본에서는 아직 한천 원조는 양식되고 있지 않다. 우뭇가사리는 약 2,000톤이 수확되어 반 정도가 직접 식용으로 쓰이고, 나머지 1,000톤 정도만이 한천용으로 쓰인다. 따라서 스페인, 포르투갈, 모로코 등지에서 부족분을 들여오고 있다. 꼬시래기는 일본에서 생산되는 것은 생선회의 밑깔개나 해조 샐러드용으로 쓰이므로 필요한 7,000톤을 전부 수입하고 있다.

---

3 밀그피시(Milkfish): 타이완 지방과 화남 지방의 일부에서 해수가 흘러들어오는 비중이 낮은 못에서 양식되고 있다.

한천의 생산과 용도

세계의 한천 총생산량은 6,000톤이며 그중의 40%를 일본이 생산하고 한국, 칠레, 스페인이 뒤를 잇고 있다. 이상의 4개국에서 75%를 생산하고 있다.

다음으로는 한천 산업과 알긴산, 카라기닌 산업을 대비해 보자.

개발도상국에서의 한천 생산량은 총생산량의 35%에 달하고 알긴산은 25%, 카라기닌은 0.9%로서 알긴산이나 카라기닌의 생산은 거의 선진국에 집중된 실태인데, 한천은 전혀 다른 경향을 나타낸다. 한천 제조에는 좋은 물이 확보되고 원조의 운반이 편리하면 나머지는 냉장고의 설비만으로 한천을 만들 수 있다. 질을 문제 삼지 않는다면 특별한 기술이 필요한 것이 아니고 작은 공장 설비로도 한천의 제조가 가능하다. 이런 점이 개발도상국의 한천 산업을 발전시키게 된 원인이다.

이러한 배경에 의하여 전 세계의 알긴산 제조 공장은 20곳 전후, 카라기닌 공장은 18곳 밖에 안 되는 작은 수이지만 한천 제조 공장은 200곳 이상이나 된다.

한천은 극히 낮은 0.5% 정도의 농도로도 실온에서 굳어지는 성질을 지니고 있다. 그래서 잼이나 수프에 널리 이용되며 과일 조림을 넣은 설탕 과자에서도 사용된다.

또 세균에 의하여 분해되지 않으므로 세균의 무형 배양기로도 없어서는 안 된다. 이 분야의 소비량은 국제적인 보건 수준의 향상과 개발도상국의 보건관계 연구기관의 확충에 의하여 급속히 신장하고 있다. 이 분야에 사용되는 한천은 고품질이 요구되므로 그 원조도 우뭇가사리를 중심으로 한 몇 종류에 한정되고 있다. 그러나 이 분야에서의 소비량은 앞으로도 계속 늘어날 것으로 전망된다.

일본의 한천 생산량은 2,300톤으로 그중 700~800톤이 수출되고 나머지가 국내에서 소비된다. 그 대부분이 양갱, 젤리, 잼 등의 식용으로 쓰이고 세균 배양용, 화장품 제조용으로도 이용되고 있다.

4장

'반 건강인'과 식생활

1. '반 건강'의 일본인

평균 수명은 세계 제일이지만

여기서는 먼저 일본인의 건강 상태를 생각해 보기로 한다. 일본인은 확실히 그 수명이 길어졌다. 1910년대에는 44~45세였던 평균 수명이 지금은 남자는 74.5세, 여자는 80.2세로 남녀 모두가 아이슬란드를 앞서 세계 최고의 장수국이 되었다.

그 원인으로는 먼저 생활 수준과 생활 환경의 향상, 의료 기술과 시설, 항생 물질 등 의약품의 진보로 만 1세도 되기 전에 사망하는 유아의 수가 대폭 감소한 것을 들 수 있다. 메이지(明治) 시대 말에는 1,000명의 신생아 중 161명이 사망하였는데 1950년대에 와서는 60명으로 줄었고 1983년에는 62명으로까지 줄어들었다(〈그림 13〉 참조).

다음에는 20세 전후에 많았던 결핵에 의한 사망자가 항생 물질의 발전과 BCG 접종 및 영양 개선으로 크게 감소하여 현재는 10만 명 중의 45명으로 사망률이 줄어든 점이다. 또 노인의 의료 대책도 충실화하여 치료에 전력을 기울이게 된 점도 빼놓을 수 없다.

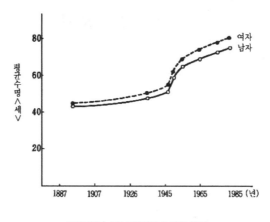

그림 13 | 일본인 평균 수명의 변화

　그러나 세계 최고로 되었다는 평균 수명이란, 태어난 유아가 몇 살까지 살 수 있는가를 말하는 예상 연령이다. 지금 65세 되는 사람이 앞으로 몇 년을 더 살 수 있느냐 하는 여명으로 비교하여 보면, 일본에서 최초로 위생 통계가 작성된 1894년에 10세 남짓했던 것이 약 90년 후인 1983년에는 15.2세로 되었으니 90년 동안에 겨우 5세 정도밖에 늘어나지 않았다.

　생각하기에 따라서는 의학이 진보해서 전에는 체력이 약해서 죽었을지도 모르는 유아가 살아남게 된 셈이므로 그와 같은 사람들이 현재 예상하는 평균 연령까지 살 수 있을지의 여부에 대하여는 많은 의문이 남을 것이다.

　이와 같은 걱정을 뒷받침하듯이 그동안의 의료비를 살펴보면, 1955년 2388억 엔에서 1985년 예상 금액은 15조 7200억 엔으로 실로 65.8배가 증가하였다. 분명히 치료에 막대한 비용이 필요하게 되었고, 노인의 비율이 높아져서 그만큼 의료비가 더 필요하게 되었다. 그러나 이렇게까지 의료비가 늘어난 것은 다소 이상한 일이다.

동시에 1975~1980년의 병에 걸린 사람의 비율은 1,000명에 110명이었는데, 1981년에는 130명, 1983년에는 136명까지 높아졌다. 한 사람이 두 가지 이상의 질병에 걸린 사람도 많으므로 그 숫자를 보정하더라도 8.1명에 한 사람이 어떤 질병에 걸린 셈이다. 참으로 전 국민인 1억의 절반이 환자라고 할 수 있는 상태다.

질병의 종류도 변했다

환자의 수적인 증가와 병행하여 질병의 종류도 변하고 있다. 1935년 대까지 불치의 병으로 여겼던 결핵에 의한 사망률이나 폐렴, 기관지염에 의한 사망률은 급격히 감소했고 뇌혈관 질환도 서서히 감소하고 있지만 심질환과 암 환자는 급격히 증가하고 있으며, 특히 암은 뇌혈관 질환을 앞질러 1위를 차지하고 있다(〈그림 14〉 참조).

암으로 인한 사망자 수와 전체 사망자 수에 대한 비율을 보면, 남자가 23.9%, 여자가 20.1%나 암으로 죽었다. 암 환자의 사망률이 이렇게까지 높아진 이유는 지금까지는 암이 많이 발생하는 연령에 도달하기 전에 이미 다른 질병으로 죽었을 사람이 살아남았다고 생각할 수도 있을 것이다.

여기서 암 종류별의 사망률을 국가별로 살펴보면 〈표 8〉과 같다. 일본에서는 남녀 모두가 약 1/3이 위암으로 가장 높다. 그다음이 남자는 기관

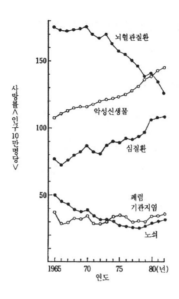

그림 14 | 연도별로 본 일본인의 주요 사망원인 변동

지암, 폐암, 직장암의 순이고 여자는 장암, 직장암, 자궁암의 순으로 되어 있다. 그런데 외국인들은 남자는 기관지암, 폐암이 가장 많고 장암, 직장 암이 다음이다.

여자는 유방암이 제일 많고 장암, 직장암이 2번째로 많은 나라가 대 부분이다. 이처럼 한마디로 암이라고 하지만 그 내용은 나라에 따라 다르 며, 특히 일본은 같은 선진국이면서도 좀 특이한 양상을 띠고 있다.

그러나 일본과 미국의 각종 암에 의한 사망률의 추이를 비교하면 〈그 림 15〉와 같이 일본이 40~50년 늦게 미국을 따라가고 있는 경향을 보인 다. 가령, 남자에서는 위암이 감소하고 결장암, 직장암, 폐암이 증가하며,

남자

암의 종류	일본	싱가포르	미국	아르헨티나	프랑스	영국	독일	호주
총사망률	158.6	130.6	203.5	172.9	271.9	286.2	265.9	175.2
구강, 식도	9.7	18.7	10.7	15.8	38.6	12.7	9.7	9.9
위	54.1	19.4	8.0	18.3	20.0	27.4	34.0	11.6
장, 직장	13.1	11.6	24.5	15.7	30.3	32.3	35.2	22.9
기관지, 폐	25.7	37.7	66.9	45.6	53.3	112.0	72.2	52.4
전립선	2.9	1.7	20.4	13.1	23.6	20.2	25.7	16.2
백혈병, 림프조혈기	9.3	6.9	19.0	10.5	16.6	16.9	17.0	14.2
기타	42.5	32.2	51.3	48.5	74.3	62.0	68.6	45.7

여자

암의 종류	일본	싱가포르	미국	아르헨티나	프랑스	영국	독일	호주
총사망률	113.5	79.1	161.5	127.6	180.3	236.5	241.0	137.7
구강, 식도	2.9	7.1	4.0	4.8	4.2	9.0	3.1	4.3
위	33.8	9.9	5.3	10.3	15.0	18.8	28.4	7.7
장, 직장	11.6	11.0	24.9	15.4	29.1	35.0	41.1	22.7
기관지, 폐	9.1	11.2	21.5	6.8	6.8	31.4	11.3	12.1
유방	6.6	10.2	30.6	23.3	30.2	47.9	36.5	24.3
자궁	9.5	7.4	9.6	14.0	14.5	14.3	16.8	7.7
백혈병, 림프조혈기	6.5	5.3	15.1	7.8	13.5	14.3	14.6	11.6
기타	33.3	17.0	50.0	44.7	66.3	65.1	88.9	40.8

(인구 100만 명당의 암 통계)

표 8 | 각종 암에 의한 사망률의 국가별 비교

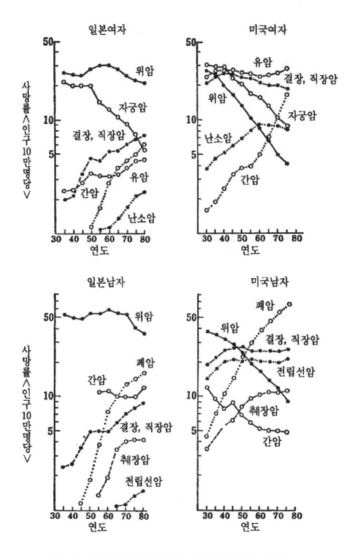

그림 15 | 일본과 미국의 암 부위별 사망률 변동(富永 :1982)

여자에게서도 역시 위암이 감소하면서 결장암, 직장암, 폐암이 증가하여 미국과 비슷해져가는 양상을 보인다.

또 암뿐만 아니라 다른 질병에 의한 사망률을 외국과 비교해 봐도 심질환, 특히 허혈성 심질환이 증가하고, 다소 떨어지고 있기는 하나 아직 사망률이 높은 뇌혈관 질환이 암과 더불어 사망 비율의 상위에 있다. 이러한 경향은 바로 일본이 빠른 속도로 선진국과 같은 패턴으로 바뀌고 있음을 알 수 있는데, 속단하기는 어려우나 그 원인의 한 가지는 식생활의 변화를 들 수 있을 것이다.

2. 일본의 식생활은 균형이 잡혀 있는가?

'포식 시대'의 식생활

지금의 일본을 '포식 시대'라고들 말한다. 우리는 지금 참으로 풍부한 식품에 둘러싸여 있다. 이러한 식생활이 즐거운 것인지는 모르지만 영양상으로 충분한 것이며 또 건강을 유지하는 데 문제점은 없는가를 반성할 필요가 있다.

먼저 매일 1인당 공급 칼로리에 대한 추이를 식품별로 알아보자. 과거에는 하루에 섭취한 2,193Kcal의 67%인 1,478Kcal를 곡물에서 취했다. 이 비율은 점점 낮아져서 1982년 42%로 떨어졌다. 30년 가까운 간격을 가진 이 두 해의 변화를 보면 곡물류는 74%, 감자류는 35%로 많이 감소한 대신 육류는 8.4배, 계란은 4배, 우유와 유제품은 55배, 어패류는 2배로 증가했다. 또 설탕은 1.8배, 유지는 5.6배로 되어 총칼로리의 증가분은 18%를 크게 웃돌고 있다(〈표 9〉 참조).

다음으로 섭취한 칼로리의 내용을 살펴보면 총칼로리에 대한 단백질(P), 지질(F), 탄수화물(C)의 비율도 큰 폭으로 변했다(〈표 10〉 참조). 단백질

	1955	1960	1965	1970	1975	1980	1982
총칼로리	2193	2291	2458	2533	2538	2586	2591
곡류	1478	1439	1422	1263	1198	1123	1093
쌀	1063	1106	1090	923	857	770	746
밀	224	251	292	310	317	325	321
감자류	124	82	54	39	39	41	43
콩류	95	104	104	117	110	99	99
채소	73	84	74	78	76	78	79
과실	17	29	39	53	57	53	54
육류	17	28	52	81	108	138	143
계란	16	27	50	64	61	64	65
우유, 유제품	20	36	62	82	87	102	109
어패류	60	87	99	102	119	133	128
설탕	128	157	196	283	262	245	235
유지	67	105	167	239	288	351	377
된장	43	38	41	39	33	32	31
간장	16	15	19	18	18	18	17

(일본 식료수급표에서)

표 9 | 식료품별로 본 공급 열량의 변동추세(Kcal/인/일)

은 1951년에는 12.6%였는데 1982년에는 14.9%로 변해 있으나, 총칼로리는 약 20% 증가했으므로 섭취량은 그만큼 증가한 것이 된다. 또 지질은 9.7%에서 24.4%로 2.7배로 증가했다. 이것을 칼로리의 실수로 보면 210Kcal에서 676Kcal로 3.2배나 불어났다. 여기에 대하여 탄수화물은 77.7%에서 60.7%로 약 20%가 감소하였다.

국명	연도	총칼로리 (kcal)	단백질 P	지질 F	탄수화물 C
적정비율			(12~13)	(20~30)	(57~68)
일본	1951	2165	12.6	9.7	77.7
	1965	2458	12.3	15.7	72.0
	1975	2538	12.7	15.7	65.2
	1982	2591	14.9	22.1	60.7
적정비율			(12)	(30)	(58)
미국	1978	3393	12.7	42.2	45.1
프랑스	1978	3340	13.6	43.1	43.3
중국	1977	2343	10.8	14.3	74.9
한국	1977	2615	11.2	8.9	79.9

(일본 식료수급표에서)

표 10 | 나라별 영양 섭취 비율의 비교(%)

한편 단백질, 지질, 탄수화물의 총칼로리에 대한 비율을 나라별로 보면, 미국과 프랑스는 지질이 각각 42.2%와 43.1%로 매우 높고 탄수화물은 45.1%와 43.3%로 그만큼 낮아졌다. 중국과 한국은 1977년의 시점에서 일본의 1945년대의 수준에 해당하는 것 같다. 물론 그 이후의 생활수준이 급진적으로 향상하고 있으므로 현재는 많이 변해 있다(〈표 10〉 참조).

일본은 단백질, 지방, 탄수화물이 차지하는 비율이 각각 12~13%, 20~30%, 57~68%의 범위가 적당하다고 보고 있으며, 미국은 12%, 30%, 58%가 이상적이라고 하고 있다. 최근 미국에서 일본식(日本食) 붐이 일고 있는 원인은 일본의 식생활이 가장 밸런스가 훌륭하다고 보기 때문이다.

	1970	1975	1980	1983
소비지출	795	1580	2306	2595
식료	271 (34)* 100	505 (32) 100	669 (29) 100	722 (28) 100
곡류	45 16.6	70 13.9	92 13.8	98 13.6
어패류	36 13.3	72 14.3	97 14.5	103 14.3
육류	27 10.0	59 11.7	75 11.2	79 10.9
우유, 계란	20 7.4	33 6.5	36 5.4	36 5.0
채소 해조	36 13.3	64 12.7	86 12.9	90 12.5
과물류	18 6.6	31 6.1	34 5.1	36 5.0
엽자류	17 6.3	33 6.5	42 6.3	45 6.2
조리식품	10 3.7	22 4.4	39 5.8	46 6.4
음료	11 4.1	20 4.0	25 3.7	26 3.6
주류	13 4.8	23 4.6	31 4.6	33 4.6
외식	24 8.9	52 10.3	85 12.7	100 13.9

상단: 지출 금액(100엔), 하단: 식료비 지출(%)
* 소비 지출에 대한 식료비의 비율(가구당 가계 조사 연보에서)

표 11 | 일본 가정의 가구당 연평균 1개월간의 식품류별 지출액(추정)

그러나 일본의 식생활을 좀 더 자세하게 하나하나를 살펴볼 필요가 있다. 〈표 11〉은 한 가구당 연간 지출 금액을 12개월로 나눈 1개월분으로 하여 식품류별로 나타낸 것이며 동시에 식료비에 대한 각각의 비율도 표시하고 있다. 1970년도와 1983년도를 비교해 보면 금액의 증가분은 물가 상승에 의한 부분까지도 포함되므로 식료비에 대한 비율로 각 항목의 변동을 비교해 본다. 대부분의 식품이 큰 변동이 없거나 약간 감소하고 있으나 외식과 조리 식품만이 큰 폭으로 증가하였다.

이들 식품은 가공도가 높아 특정 성분의 손실이 많다. 그리고 최근에

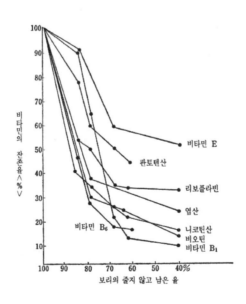

그림 16 | 보리의 정맥 정도에 따른 각종 비타민양의 변화
(A. E BENDER: 1978)

는 모든 식품의 정제도가 매우 높아졌다.

먼저 밀의 정제에 따른 각종 비타민류 감소 상태를 보면 〈그림 16〉과 같다.

예를 들어 비타민 B_1에서는 원료의 분량이 줄지 않고 남는 비율이 80%까지는 감소율이 10% 이하이지만, 70%가 되면 단번에 80%가 감소한다. 또 각종 미네랄류도 정제로 인하여 대폭 감소하는데(〈표 12〉 참조), 정제당(精製糖)을 보면 대부분의 미네랄이 없어져 버린다.

식품 성분	소맥분	정제당	백미	옥수수 녹말	탈지우유
회분	75	80	(54)	-	32
포타슘	60	-	-	-	-
인	71	-	-	-	-
마그네슘	85	98	83	97	6
크로뮴	40	93	75	72	75
망가니즈	86	89	45	93	100
철	76	96	(64)	-	-
코발트	89	95	38	37	0
구리	68	83	26	31	0
아연	78	98	75	81	14
몰리브데넘	48	100	-	-	90
셀레늄	16	100	-	-	90
스트론튬	95	96	-	-	0
비타민 B6	72	100	69	87	-

(H. A. SCHROEDER: 1971)

표 12 | 정제 식품의 각 미네랄 감소율(%)

우리가 먹는 식품에서 미네랄이나 비타민 성분을 이렇게 많이 잃게 되면 단백질, 지질, 탄수화물을 아무리 많이 먹고 또 균형 있게 취했다고 해도 건강을 유지할 수 있는 식품으로 보기는 어렵다.

식생활의 실태

일부에서는 일본인의 식생활을 세계에서 가장 균형이 잘 잡혀 있고, 칼로리와 염분이 좀 많고 칼슘이 다소 부족한 결점은 있으나 편식을 하지 않고 고르게 음식을 섭취한다면 필요한 영양소는 충분히 취할 수 있다고 말한다. 또 비타민이나 미네랄 종류는 많이 먹더라도 대부분이 그대로 배설되어 버리기 때문에 건강을 높이는 데는 별로 도움이 안 된다는 견해도 있다.

각종 영양소가 충분하게 보충되고 있다고 보는 견해는 '국민 영양 조사' 결과에서 나온 것으로 생각한다. 확실히 이 조사는 중요하고 또 무시해서는 안 된다. 그러나 '평균치'라는 수치가 그대로 각 개인의 식생활의 실태를 반영했다고는 할 수 없다. 그런데도 이 '평균치' 하나만을 가지고 개인의 식생활을 개선하기 위한 자료로 삼고 있다는 것은 문제가 있다.

이 조사는 불과 3일간의 식사만을 대상으로 내용과 양을 조사한 것이다. 이것을 근거로 하여 식품 표준 성분표의 성분 조성량으로 계산하여, 각종 영양소의 양을 산출했다. 이러한 산출 방법을 가지고는 비교적 안정된 칼로리, 단백질, 지질 등에는 적용될 수 있어도 가공도의 미묘한 차이, 저장 방법, 보존 기간 등에 따른 변동폭이 큰 미네랄, 비타민 등의 미량 성

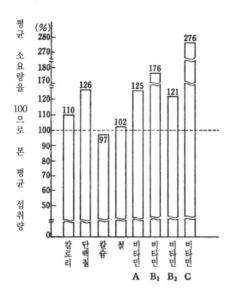

그림 17 | 영양소 등의 섭취량과 평균 영양소요량의 비교
(1983년도 국민영양조사성적)

분에 대해서는 실제의 섭취량보다 높은 값이 나올 위험이 크다.

가령 시금치의 경우, 싱싱한 상태의 것에 함유된 비타민 C를 100으로 했을 때 데치는 시간 1분이 걸리면 74%, 2분이면 61%, 3분이면 48%로 감소한다. 즉 시금치를 데치는 데도 이처럼 몇 분간에 어떻게 데치는지를 조사하지 않고는 실태를 파악할 수 없는 것이다.

우선, 조사 결과로 산출한 각 성분의 평균 섭취량과 조사 대상이 된 사람들의 평균 영양소요량과의 비율을 구하면 〈그림 17〉과 같다. 평균 소요량을 100으로 잡고 있으므로 칼슘의 97%를 제외하고는 전부가 소요량

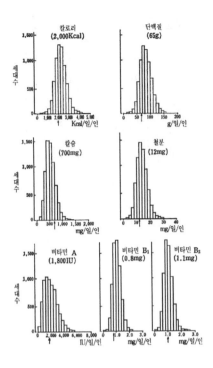

그림 18 | 영양소별 섭취량의 도수분포(식품개발: 1985) ( ) 안은 소요량

이상을 섭취하고 있는 것이 된다. 그러나 이것을 영양 성분별로 섭취량에
따라 각각의 인원수를 조사하여 도시하면 〈그림 18〉과 같다.

지금 에너지에 대해 살펴보면 평균치로는 소요량의 110%를 섭취하
는 것으로 나타나 있으므로 마치 전원이 소요량보다 10%를 더 많이 섭취
한 것 같지만 〈그림 18〉에서 보면 약 30%, 단백질은 22%에 해당하는 사
람이 소요량을 섭취하지 못 하고 있으며 또 칼슘의 평균 섭취량은 소요량

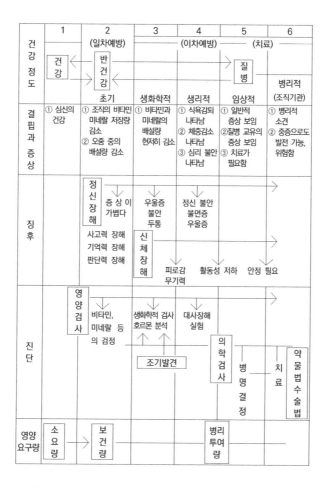

그림 19 | 비타민과 미네랄 섭취에 관한 종래의 의학과 새로운 의학과의 관련도

의 97%로 되어 있으므로 극히 적은 양만 부족한 것 같지만 사실은 81%나 되는 사람이 소요량을 섭취 못하고 있으며 철분은 31%, 비타민 A는 40%, 비타민 B_2는 48%나 되는 사람이 부족하게 섭취하고 있다.

영양소는 단 한 가지라도 부족하면 그로 인하여 건강에 장해를 받는다. 따라서 한 사람 한 사람의 식생활에서 볼 때는 식생활에 많은 개선이 필요하다. 더구나 영양소의 만성적인 잠재적 결핍이 국민의 건강 상태에 구체적으로 반영되기까지는 10년에 가까운 시간이 소요되는 일이므로 조속한 대책이 필요하다.

영양 섭취량과 질병 관계

최근에 비타민과 미네랄의 섭취량에 대해서 새로운 이론이 제기되고 있다. 와타나베(渡邊) 씨의 영양과 건강 관계의 관련도(〈그림 19〉 참조)를 근거로 그 개요를 살펴보기로 한다.

심신이 건전한 사람은 각종 비타민이나 미네랄 등을 그 소요량만큼만 섭취하면 충분히 건강이 유지된다. 그러나 이들이 부족하면, 먼저 조직 속의 이들의 저장량이 줄고 소변에 의한 배설량이 적어지면서 식욕 감퇴, 체중 감소 등의 생리적인 장해 증상이 나타난다. 그리고 우울증, 불안감, 두통 등의 정신적인 장해나 피로감, 무기력증 등과 같은 신체적 장해가 발생한다.

이 단계는 '요즘 몸이 안 좋다'라고 호소하는 정도로 병이라고까지는 할 수 없겠지만 '반 건강' 상태라고 한다. 이런 상태가 더 오래 계속되고 부족량이 증가하면 질병의 단계가 된다. 이렇게 되면 건강한 때의 소요량으로는 부족하고 보건량으로까지 높여 섭취해야 한다. 여기서 더 결핍이 계속되면 병이 되는 것이다. 발병 이후에는 보건량으로도 부족하며 병리적 투여량까지 섭취해야 한다.

그러면 건강과 반 건강, 질병을 어떻게 판정할까? 지금까지는 식사 내용을 조사하여 검토한 결과를 가지고 추정하는 정도였으므로 영양의 섭취 상태를 정확하게 판정할 수 없었다. 그러나 최근에는 혈청 중의 비타민 A, B_{12}, C, E나 소변에서 비타민 B_1, B_2, B_6의 양을 측정하여 그 결과와 영양 진단의 평가 기준을 비교하여 정확한 판정을 하고 있다(〈표 13〉 참조).

가령 비타민 C의 경우 혈중 농도가 1ℓ 당 1~2mg/mℓ이면 건강체이고 0.6~0.7mg/mℓ이면 잠재적 결핍증으로 '반 건강인'이며, 0.5mg/mℓ 이하이면 결핍증으로 '질병'으로 판정한다. 또 비타민 E는 1ℓ 당 1~2mg/mℓ이면 건강체, 0.6~0.8mg/mℓ이면 반 건강체 0.5mg/mℓ 이하면 환자로 판정된다. 단계별 소요량을 보면 비타민 C는 건강인은 매일 5mg이면 충분하지만 반 건강인은 500~2,000mg이 필요하고, 환자는 3,000~10,000mg이 필요하다고 한다.

미네랄도 혈액 중의 양이나 오줌의 배설량을 측정하여 과부족을 판정한다. 또 '모발 분석' 방법의 진보로 극미량의 미네랄 양까지도 측정하게 되어 체내의 미네랄 양을 판정할 수 있게 되었다. 모발 1g에 0.1μg의 몰리브데넘 리튬 양이 정상 범위의 하한으로 되어 있다.

비타민이나 미네랄 양의 측정 결과는 육체적인 이상뿐만 아니라 비행(非行), 심신증 등의 정신적인 이상의 원인을 찾는 데까지 활용되고 있다.

또, 미국에서는 〈표 14〉와 같이 많은 종류의 비타민과 미네랄에 대하

		건강인	반 건강인	환자
		건강의 유지	건강의 증진	건강의 회복
		생리적 섭취량	보건량 (중간영역)	병리적 투여량
일반적인 비타민 필요량		소요량+α	항히스타민으로 인한 증량분 소요량의 3~5배	소요량의 10~50배
비타민 C 비타민 C	혈중 농도	1~2mg/dℓ (건강인)	0.6~0.7mg/dℓ (잠재결핍증)	0.1~0.5mg/dℓ (결핍증)
	소요량	500mg+α	10~40배 500~2000mg/일	50~200배 3~10g/일
비타민 E 비타민 E	혈중 농도	1~2mg/dℓ (건강인)	0.6~0.8mg/dℓ (잠재결핍증)	0.5mg/dℓ 이하 (결핍증)
	소요량	15mg+α	100~300mg/일	300~1200mg/일

표 13 | 건강 상태와 비타민의 필요량(渡邊: 1984)

여 1일 권장 섭취량을 정해 두고 있는데, 이 기준은 개인차 또는 식생활이
다른 데서 오는 섭취량의 차이까지도 고려하여 결핍이 생기지 않도록 배려
된 양이라고 한다. 그러나 유감스럽게도 일본의 소요량에는 공백이 많다.

일본에서도 더욱 정밀한 영양 검사를 하여 개개인의 실정에 맞는 세심
한 영양 지도와 건강관리를 해나가야 할 것이며, 우선 환자에 대해서만이
라도 이러한 배려를 하여 식생활 개선으로 근본적인 원인 치료법이 이루
어져야 할 것이다.

현대 생활 속, 식생활의 역할

현대인은 스트레스와 싸우면서 살아가는 것 같다. OA기기를 비롯하여 우리의 생활환경은 급격히 변화하고 있다. 여기에 빠르게 대응하지 못하면 치열한 생존 경쟁에서 탈락한다. 시세(時世)에 뒤떨어지지 않기 위해서는 많은 스트레스를 받게 된다.

이러한 스트레스에 이겨 나가기 위해서는 그만큼 정신적인 유연성이 필요하고 동시에 스트레스로 심하게 소모되고 있는 성분들을 충분히 보충하여 스트레스에 대한 저항력을 길러나가야 할 것이다. 스트레스로 소모되어 부족하기 쉬워지는 인자로는 먼저 체내의 대사가 흐트러졌을 때 많이 소모되는 비타민 C와 스트레스 저항 호르몬인 부신 호르몬의 원료로 쓰이는 콜레스테롤을 보충하는 데에 필요한 비타민 B 그룹 그리고 칼슘, 마그네슘, 포타슘, 아연, 망가니즈 등의 미네랄류 등이다.

따라서 이들 영양소는 건강 유지에 필요한 양의 섭취만이 아니라 스트레스에 의하여 소모되는 양을 가산하여 더 많이 섭취해야 한다. 그러나 시간 근무제로 종사하는 주부가 절반 이상으로 되어 있는 현재, 많은 가정이 가공 또는 반가공의 인스턴트식품을 많이 사용하게 된 데다 여러 가지 식품 정제도가 높아졌기 때문에 비타민과 미네랄류의 섭취량은 더욱 부족해지기 쉬워졌다.

또 한 가지 중요한 것은 미네랄류의 균형 문제이다. 미네랄류는 비타민류와는 달리 협조성뿐만 아니라 길항 작용도 있기 때문이다. 이런 점에서 마그네슘, 아연, 동, 망가니즈, 셀레늄 등이 중요시되고 있다.

	일본인의 소요량 또는 적정량	미국인의 장려 섭취량(1일)	미국 영양요법이 권장하는 보건량*
칼슘	600mg	800mg	1,000~2,000mg
마그네슘	-	350mg	400~800mg
인	600mg	800mg	1,000~2,000mg
비타민 A	2,000IU	5,000IU	10,000~35,000IU
비타민 D	400IU	400IU	100~400IU
비타민 E	-	15IU	100~500IU
비타민 B1	1.0mg	1.5mg	5~20mg
비타민 B2	1.4mg	1.7mg	5~20mg
나이아신	17.0mg	14.1mg	30~100mg
비타민 B6	-	2.2mg	10~30mg
판토텐산	-	(4~7)mg	20~100mg
엽산	-	0.4mg	0.4~1.0mg
비타민 B12	-	0.003mg	0.01~0.1mg
비오틴	-	(100~200)mg	100~500mg
콜린	-	-	200~1,000mg
이노시톨	-	-	500~2,000mg
비타민 C	50mg	60mg	500~3,000mg
소듐	3,900mg 이하	(1,100~3,300)mg	500~3,000mg
포타슘	940mg	(1,875~5,625)mg	2,500~5,500mg
철분	10~12mg	10mg	10~25mg
구리	2mg	(2.0~3)mg	2~5mg
망가니즈	-	(2.5~5)mg	5~15mg
아연	-	15mg	15~30mg
크로뮴	-	(0.05~0.2)mg	0.1~0.3mg
셀레늄	-	(0.05~0.2)mg	0.2~0.3mg
아이오딘	-	0.15mg	0.15~0.5mg
니켈	-	(0.15~0.5)mg	0.15~0.3mg
몰리브데넘	-	-	0.15~0.3mg
바나듐	-	(0.15~0.5)mg	0.1~0.3mg

* 개인의 건강 상태, 체질: 식생활을 고려한 필요량임(渡邊: 1984)

표 14 | 일본과 미국의 영양 기준의 비교

또한 최근에는 비타민 B 그룹의 잠재적 부족으로 피로감이 늘고 집중력이 부족하여 학습 능력이 떨어지며, 극단적인 정서 불안정에 빠져 항상 조급해하며 적은 일에도 곧잘 화를 내는 등 공동생활에 어려움을 초래한다는 것이 밝혀졌다.

요즘 학교나 가정에서의 폭력과 비행이 사회 문제가 되고 있는데 이런 아이들의 식생활을 조사하면 대개가 설탕을 많이 먹는 대신 채소류를 전혀 먹지 않고, 육류만을 좋아하는 등 극단적인 편식을 하는 공통점이 있음을 알 수 있다.

어느 한 예에서 보면, 섭취량이 소요량에 대하여 에너지가 70%, 단백질이 75%이면서도 지질은 90%를 취하고 있다. 그러나 칼슘은 40%, 철분은 60%밖에 취하지 않고 있다. 또 비타민 B군이 50~60%이며 인이나 칼슘의 흡수 대사에 필요한 비타민 D는 전혀 섭취하지 않고 있다. 비타민 A와 C만은 겨우 웬만한 양을 섭취하고 있다.

또 소요량의 40%만을 섭취하고 있는 칼슘도 신경 활동을 정상적으로 유지하는 작용이 있으며, 칼슘의 보유량이 많아질수록 스트레스나 쇼크에 대한 저항력이 높아지고 정신적인 피로가 적어지며 회복도 빨라진다. 반대로 칼슘양이 부족하면 마음이 조급해지며 사소한 자극을 받아도 정신적인 동요가 일어난다.

비타민 B군의 섭취량이 적은 데다 칼슘이 부족하고 더구나 칼슘의 흡수에 필요한 비타민 D마저도 없다면 그 보급도 원활하지 않게 된다. 이래서는 건전한 정신 상태를 유지할 수가 없다.

인스턴트형 식생활

여기서는 어린이들이 좋아하는 요리인 오믈렛, 카레라이스, 샌드위치, 야키소바, 스파게티, 멘치카츠 등의 인스턴트식품에 대해서 생각해 볼 필요가 있다. 인스턴트식품 중에서 제일 문제 되는 것이 칼슘의 부족이며, 소요량의 1/7밖에 들어 있지 않다. 게다가 인과 같은 비율로 들어있어야 이상적이지만 1:4~1:6으로 불균형하다.

인은 칼슘과 더불어 뼈를 만드는 매우 중요한 영양의 하나다. 그러나 식품 중에 인이 너무 많이 들어 있으면 칼슘의 흡수를 억제한다. 그렇지 않아도 부족한 칼슘의 흡수까지 억제되므로 좋지 않다. 또한 이 인스턴트형 식품에는 비타민 D가 거의 안 들어 있으므로 칼슘의 보급은 더욱 어려워진다.

최근, 아이들의 골절 사고가 잦은 이유는 이와 같은 칼슘의 섭취량이 부족하기 때문이다. 동시에 가공식품이나 인스턴트식품으로 인하여 인 섭취량이 너무 많은 것도 원인이 되고 있다. 또 설탕의 과잉 섭취로 체액이 산성으로 되어 뼈에 침착된 칼슘과 인이 소변으로 배출되는 문제도 고려할 필요가 있다.

확실히 현대인의 식생활은 개인적인 수준에서 보면 지질을 과잉 섭취하고 있으며 단백질, 지질, 탄수화물의 밸런스가 깨져 있는 사람이 많고, 특히 젊은이들에게서 그 경향이 심하다. 그러나 가장 중요한 것은 비타민, 미네랄, 식물 섬유의 섭취 부족과 그 밸런스의 파괴일 것이다. 이것이 바로 '반 건강인'이 많아지고 있는 원인인 것이다.

5장

해조의 풍부한 영양과 그 효용

영양의 흡수와 칼로리

4장에서도 말했듯이, 식품의 영양량은 그 식품을 분석하여 함유된 성분량을 조사한 것만으로는 완전하지 못하며 섭취한 후 체내로 흡수된 양을 조사해서 식품의 가치를 결정해야 한다. 그런데 유감스럽게도 해조류에 대해서는 이러한 조사 자료가 거의 정리되어 있지 않다. 그러므로 여기서는 이전의 분석치에 의한 영양량을 가지고 설명하기로 한다.

일반적으로 해조류는 소화가 잘 안 되는 것으로 믿고 있다. 그러나 〈표 15〉의 자료를 추측하건대 상당량이 소화 흡수되는 것으로 볼 수 있다. 또 최근의 연구에 의하면 에너지의 이용률 평균값은 김 48%, 다시마 56%, 톳 54%, 미역 66%로 되어 있고, 식품 100g당 이용 에너지는 김 200Kcal, 다시마 179Kcal, 톳 154Kcal, 미역 212Kcal로 계산되고 있다.

이 칼로리는 식빵, 쌀밥, 생계란 등과 비교하여 결코 적은 것이 아니다. 해조류는 한 끼에 먹을 수 있는 양에 한계가 있으므로 섭취되는 칼로리량은 미미하더라도 '노(No) 칼로리' 식품이 아니고 '로(Low) 칼로리' 식품으로 보아야 한다.

해조류	조단백	조지질	탄수화물
김	72	14	75
다시마	56	31	83
미역	64	60	92

(木材: 1952)

해조류	조단백	조지질	탄수화물	조섬유
김	70.8	2.0	51.2	4.0
다시마	16.4	7.3	42.7	3.8
톳	44.9	7.4	47.8	5.6
미역	41.1	4.5	25.4	19.7

(松木: 1960)

표 15 | 해조류의 소화율(%)

1. 필수 아미노산과 식물 섬유의 효용

해조에 함유된 영양

해조류에 함유된 영양량을 보면 〈표 16〉과 같다. 표에 예시된 해조류에서 보면 탄수화물이 가장 많고 회분, 단백질, 지질의 순으로 되어 있다. 다만 김은 약간 예외여서 단백질을 44%나 함유하고 있다.

두부와 김, 콩과 톳의 짝맞춤

수분 함량을 0으로 하였을 때 다시마는 약 9%, 톳은 12%, 미역은 20% 전후인데 김은 44%의 단백질을 함유하고 있다.

그런데 단백질의 가치는 그 양에도 따르지만 필수 아미노산이 어느 정도 균형 있게 함유되어 있느냐는 질이 더 중요하다. 인체에 꼭 필요하고 매일 섭취하지 않으면 안 되는 아미노산을 '필수 아미노산'이라 한다. 여기에는 아이소류신, 류신, 라이신, 메티오닌, 히스티딘, 페닐알라닌, 타이로신, 트레오닌, 트립토판, 발린의 10종이 있다. 이 중에서 메티오닌, 히

| | 수분 | 단백질 | 지질 | 탄수화물 | | 회분 |
				당질	섬유	
마른 김	11.1	38.8	1.9	39.5	1.8	6.9
구운 김	6.2	40.9	2.0	41.7	1.9	7.3
긴 다시마[1]	10.0	8.3	1.5	45.6	12.9	21.7
참다시마	9.5	8.2	1.2	58.2	3.3	19.6
미쓰이시 다시마[2]	11.6	7.7	1.9	56.1	6.2	16.5
리시리 다시마[3]	10.0	8.0	2.0	54.3	5.4	20.3
생 미역	90.4	1.9	0.2	3.8	0.4	3.3
마른 미역	13.0	15.0	3.2	35.3	2.7	30.8
회건 미역	96.0	1.1	0.1	2.0	0.2	0.6
삶은 염장 미역	52.6	4.1	0.5	9.0	0.5	33.3
염장 미역	91.8	0.6	0.1	6.8	0.1	0.6
마른 톳	13.6	10.6	1.3	47.0	9.2	18.3

(100g 중: 식품성분표. 四訂)
1) Laminaria Angustata KJELIM var. Longissima MIYABE
2) L. Angustata KJELIM
3) L. Japonica ARESCH var. Ochtensis OKAM

표 16 | 해조류의 성분함량

스티딘, 페닐알라닌, 타이로신은 상호 보완하는 작용이 있으므로 이들은 하나의 그룹으로 취급된다. 이 8종류는 각각 전담 분야가 있어 다른 종류가 그 역할을 대신할 수 없다. 즉 필수 아미노산은 질소의 평형을 유지하는 데 필요하지만, 자체에서 합성이 안 되며 다른 아미노산이 그 기능을 대신해 줄 수 없는 것들이다.

그러므로 여러 가지 종류의 단백질을 골고루 섭취하면 각각의 결점이

	이소류신	류신	리신	메티오닌 시스틴	페닐알라닌 티로신	트레오닌	트립토판	발린	제한 아미노산
잠정적 아미노산 패턴	0.25	0.44	0.34	0.22	0.38	0.25	0.06	0.31	
참김	0.25	0.48	0.16	0.298	0.48	0.20	0.069	0.58	47L
	100	109	47	135	126	80	115	187	
다시마	0.23	0.37	0.18	0.21	0.51	0.18	0.11	0.49	53L
	92	84	53	95	134	72	183	158	
미역	0.18	0.53	0.23	0.188	0.33	0.34	0.073	0.43	68L
	72	120	68	85	87	136	122	139	
톳	0.39	0.45	0.18	0.279	0.55	0.20	0.047	0.63	53L
	156	102	53	127	145	80	75	203	

표 17 | 전질소 1g당의 필수아미노산 조성과 아미노산가(g/Ng)

보완되어 균형이 취해지지만 반대로 같은 결점을 지닌 단백질만을 섭취한 경우에는 총량의 극히 일부만을 이용하는 결과가 된다.

과거 FAO가 전질소(Total Nitrogen, 무기성 질소 및 유기성 질소의 질소량 합계) 1g 중에 8종류의 아미노산이 어느 정도씩 들어 있는 것이 좋은가 하는 이상적인 아미노산의 밸런스를 정하여 '잠재적인 아미노산의 패턴'으로써 발표한 바 있다. 〈표 17〉은 각 해조류에 함유된 아미노산량과 이 잠정적 아미노산의 패턴을 비교한 것이다.

김은 라이신과 트레오닌을 제외한 다른 모든 필수 아미노산이 필요량보다 많이 들어 있다. 특히 메티오닌과 히스티딘이 135%나 함유되어 있

사진 14 | 톳과 채소로 만든 조림 요리

다. 이 메티오닌과 히스티딘은 황(S)을 포함하는 아미노산이며 해조류, 쌀, 밀 등에는 비교적 많으나 감자류, 콩, 어패류, 채소류에는 적다. 따라서 일본인에게 부족하기 쉬운 아미노산이다. 물론 이 필수 아미노산의 전량을 해조에서만 섭취하기는 불가능하다. 그러나 부족분을 보충하고 전체의 균형을 맞추기 위해서라면 해조가 매우 효과적이다.

방금 말했듯이 콩은 이 두 종류의 아미노산 함량이 적은 식품이다. 그러므로 두부나 된장에는 필요량의 50% 정도만 들어 있다. 그러나 해조류에 부족한 라이신은 콩이나 두부에 20% 이상이나 많이 포함되어 있다. 그러므로 두부와 김, 콩과 톳을 짝지으면 서로 결점을 보완하기 때문에 더욱 균형 잡힌 식탁이 될 것이다.

노다(野田) 씨의 보고에 의하면 타우린(Taurine)은 김 100g 중에 평균

1,400mg, 다시마에는 200mg 정도가 함유되어 있다. 해조류 외에도 가다랑어, 방어, 전어, 굴, 바지락, 문어 등의 어패류에도 많이 들어 있다. 타우린은 단백질을 구성하는 아미노산은 아니지만, 시력 보호나 어린이의 두뇌 발육에 필요하고 또, 고혈압의 예방과 치료에 효과가 있으며 혈중 콜레스테롤을 낮추는 작용도 있다.

혈중 콜레스테롤을 저하하는 작용은 매우 효과적이다. 담석을 가진 사람의 비율은 3% 정도였는데, 20년 후에는 10% 이상, 25년 후에는 16%가 되었다. 또 20대 청년들의 담석 보유자는 1% 정도였는데 5년 후에는 5.8%까지 높아졌다.

담석은 그 주성분에 의하여 몇 가지 종류로 구분되는데, 담즙에 들어 있는 콜레스테롤에 의하여 생기는 콜레스테롤계 담석(백색이며 크다)과 피리루빈에 의해 생기는 피리루빈계 담석(흑색이며 소형)이 있다.

일본 사람들의 담석은 1950년대까지는 대부분 피리루빈계 담석이었으나 1951년경부터는 콜레스테롤계 담석이 많아졌고 최근에는 농촌에서도 60% 이상, 도시에서는 80% 이상이 콜레스테롤계 담석이다.

타우린은 혈액 중의 콜레스테롤 양을 저하하는 작용이 있다. 즉, 담즙 속의 콜레스테롤 양을 감소시킨다. 따라서 콜레스테롤계 담석증을 예방할 수 있다. 동시에 타우린의 섭취로써 담석의 치료 효과가 기대되고 있다.

혈전 형성을 방지하는 지질

해조류에 함유된 지질은 건조 중량의 1~2%밖에 안 된다. 그러나 이 중에는 혈액 중의 콜레스테롤 양을 저하하고 또 혈관 내에서 생기는 혈전의 형성을 방지하여 뇌혈전이나 심근경색을 예방하는 효과가 있는 에이코사펜타엔산(EPA)이 포함되어 있다. 특히 김의 지질은 그 절반에 가까운 49.7%가 EPA[1]이다.

이 EPA는 혈관 내에 생기는 혈전의 형성을 방지하는 효과가 있어 최근 급격하게 늘어나고 있는 뇌혈전이나 심근경색증을 예방할 수 있다.

EPA는 등이 푸른 어류인 정어리, 고등어, 꽁치, 가다랑어, 전갱이 등에 많이 들어 있다. 그러나 요즘은 일반 가정의 식탁에 이런 생선이 자주 오르기는 어렵다. 따라서 날마다 해조류를 상식함으로써 EPA를 보충하는 것이 좋다.

선진국에서 감소 경향에 있는 식물 섬유에 주목

해조의 탄수화물에는 세포와 세포 사이에 많이 있는 점질성 다당류, 세포벽을 이루고 있는 다당류, 그리고 세포 내에 저장된 저장 다당류, 이렇게 세 가지가 있다. 저장 다당류는 해조의 종류에 따라 다르며 녹조류

---

1 에이코사펜타엔산(EPA): 고급 불포화 지방신의 일종으로 동맥경화를 방지하고 고혈압을 예방하는 효과가 있다.

는 고등 식물과 마찬가지로 녹말을 주체로 하고 있으나, 갈조류와 홍조류에는 각각 특수한 다당류를 저장하고 있다. 여기서는 함유한 탄수화물 중 사람의 소화효소로는 소화가 안 되는 '식물 중의 난소화성(難消化性) 성분의 총칭'인 식물 섬유[Diet-Fiber(DF)][2]에 대해서만 언급한다.

DF는 톳에 41%로 가장 많고 참다시마가 12%로 가장 적게 들어 있다. 이 함유량은 밀기울, 소맥의 배아(44%)나 쌀겨(24%)에 필적하며 박고지, 옥수수, 푸른 완두, 우엉, 풋콩 등에 비해 월등하게 많이 들어 있다.

그러면 현재의 식생활에서 한 사람이 하루에 어느 정도의 DF를 섭취하고 있으며 그 양이 과거의 섭취량에 비해서 얼마나 달라졌는지 비교해 보자. 그런데 DF에 대한 견해나 그 분석법은 최근에야 겨우 확립된 실정이며 낡은 자료는 모두 조섬유(粗纖維)에 포함되어 있다. DF정량법(定量法)으로는 산이나 알칼리로 끓이고 있는 동안에 DF의 역할을 하는 성분의 일부까지가 녹아 나와 버리므로 DF의 정확한 양을 가리킬 수가 없다. 식품에 따라 다르지만 대체로 조섬유의 1.2~3.5배가 DF양이 된다. 따라서 여기서는 조섬유의 양을 가지고 DF양을 비교해 보기로 한다.

DF의 섭취량은 현재 개발도상국에서는 하루에 한 사람이 10~15g의 조섬유를 섭취하고 있다. 미국 사람들도 100년 전에는 10~15g씩을 섭취했으나 지금은 1~3g밖에 섭취하지 않는다. 일본 사람들도 최근 20년 사

---

2 식물 섬유(DF): 동물이 소화할 수 없는 다당류 정장 작용이 있고, 변비, 당뇨병의 예방에 효과가 있다. 어떤 종류의 DF에는 대장암의 발생을 억제하는 효과가 알려져 있다.

이에 대략 6g 정도가 평균 섭취량으로 되어 있으나 개인차가 커서 하루에 3~4g밖에 섭취하지 못하는 사람도 많을 것으로 생각된다. 이러한 경향은 어린이와 연소자에서 더욱 도드라지는 것 같다.

이처럼 DF의 섭취량이 감소하고 있는 원인은 곡물의 정제 기술이 발전하면서 지금까지 불필요한 것으로 생각하여 왔던 섬유가 깎여나가 버리기 때문이다. 앞에서도 언급했지만, 정제에 의하여 비타민이나 미네랄만이 아니라 섬유소까지도 깎여나가게 된 것이다.

그뿐만 아니라 조제식품(粗製食品)은 맛이 좋지 않고 외관도 나빠 인스턴트식품이나 정제 식품에 길든 사람들, 특히 청소년이 기피하게 된다.

이와 같은 정제 식품의 유행으로 많은 문제가 야기되고 있다. 먼저 아이들의 변비이다. 매일 정기적으로 배변을 보지 못하는 아이들이 42%나 된다는 조사 결과도 나왔다. 이런 상황에서는 건강이 지탱되기 어렵고 정신 상태가 불안정하게 되는 것은 당연하다.

해조류 특히 톳, 다시마, 미역에 포함된 DF의 대표적인 것이 바로 알긴산이다. 알긴산에는 혈청 콜레스테롤 수치를 떨어뜨리고 스트론튬(Sr)이나 카드뮴(Cd)의 흡수는 억제하는 작용도 있고 정장 작용이나 배변을 좋게 해 주기도 한다.

또, 알긴산포타슘을 첨가한 먹이를 쥐에게 주면 그 포타슘이 체내로 흡수되고, 대신 소듐이 배설되어 혈압이 떨어졌다. 그리고 직장암의 발생을 억제하는 작용도 알려져 있다.

2. 해조는 미네랄의 보고

미네랄의 총량은 회분량으로 표시된다. 김에는 약 8%, 다시마 20~24%, 미역 35%, 톳에는 21%의 미네랄이 들어 있다. 이것들은 어느 것이나 해조류가 바다에서 생장하는 과정에서 흡수한 것이다. 가령 다시마처럼 해수 중에 미량밖에 용존되어 있지 않은 아이오딘을 흡수하여 많이 축적하고 있는 특이한 예도 있지만, 양적으로는 어떻든 간에 일반적으로 해수 중에 있는 미네랄 성분의 대부분이 해조 속에 들어가 있다. 생물의 생장으로부터 미루어 보아 인간에게 필요한 미네랄 성분이 모두 해수 속에 존재한다면 우리에게 필요한 모든 미네랄은 해조로부터 보급 받을 수 있게 된다.

미네랄은 대부분이 체내의 물질대사에 관여하는 효소의 재료로 쓰인다. 따라서 그 필요량이 아무리 적은 양이더라도, 그것이 보급되지 못하면 효소를 만들지 못하고, 효소가 없으면 물질대사는 거기서 그쳐 버린다. 건강을 유지하기 위해서는 필요한 미네랄을 모두 고르게 섭취하지 않으면 안 된다.

해조에 들어 있는 중요한 미네랄로는 인, 마그네슘, 소듐, 포타슘, 칼

	해의	구운김	참다시마	생미역	마른미역	회건미역	염장미역	삶은염장미역	마른톳
칼슘	390	410	710	100	960	140	190	20	1400
인	580	610	200	36	400	16	95	10	100
철	12.0	12.7	3.9	0.7	7.0	0.7	2.8	0.2	55.0
소듐	120	130	2800	610	6100	48	13000	230	1400
포타슘	2100	2400	6100	730	5500	60	250	5	4400
망가니즈	5.9		0.20		0.60				2.83
구리	0.96		0.11		0.27				0.38
아연	5.5		0.22		0.84				1.73
아이오딘	6.1		471 192		7.8				40
비소	0.02		12.2 4.0		5.6 3.2				18.3
셀레늄	0.01		0.003 0.002		0.005 0.004				0.006
불소			0.48 0.26		0.87 0.26				0.3

(일본 식품 성분표 四訂, 醫菌藥出版)

표 18 | 해조류의 미네랄 함량(100g 중 ㎎)

슘, 규소, 철, 망가니즈, 아연, 구리, 알루미늄, 비소, 셀레늄, 아이오딘, 코발트, 플루오린 등이 있으며, 이 밖에도 몰리브데넘, 크로뮴, 주석, 팔라듐, 니켈 등의 필요한 미네랄의 존재가 알려져 있다.

김 등의 해조류에는 필요한 미네랄이 거의 다 들어 있다. 그러나 인간이 필요로 하는 미네랄 양과 해조류의 함유량은 반드시 일치하는 것은 아니다. 그러므로 적은 양이나마 매일 몇 종류의 해조를 섭취할 필요가 있다.

일본인에게 부족한 칼슘

일을 하는 성인 남자 한 사람이 하루에 필요한 칼슘 양은 600mg이다. 성인의 몸에는 약 1kg의 칼슘이 들어 있고 그 99%가 뼈와 치아의 성분으로 쓰인다.

칼슘의 생리 작용은 뼈, 치아 등의 딱딱한 조직을 만들거나, 혈액을 알칼리화하거나, 그 응고 작용 등에 관여한다. 또 외부로부터의 자극에 대한 신경의 감수성을 진정시키는 역할도 한다.

외국에서는 우유가 칼슘의 주된 공급원인데, 우유로만 필요량의 칼슘을 섭취하기 위해서는 하루에 600cc의 우유가 필요하다. 최근 일본 사람들은 생선을 잘 먹지 않을 뿐 아니라 해조류도 적게 먹는 경향이 있어서 아무래도 칼슘 섭취량이 부족하기 쉽다.

하루에 필요한 칼슘 양을 전부 해조에서 취한다고 가정한다면 톳은 40g, 그늘에 말린 미역은 60g이면 충당된다. 우유도 우수한 칼슘 공급원이지만 해조류도 그에 못지않은 훌륭한 공급원이 될 수 있다.

칼슘의 섭취량이 부족하면 뼈가 약해져서 골절을 일으키기 쉬워지는 등 이상이 발생하며, 또 우리를 정신적으로도 불안정한 상태로 빠지기 쉽게 만든다. 그러므로 칼슘의 섭취량은 더욱 주의하지 않으면 안 된다. 그러나 칼슘의 흡수와 이용에는 비타민 D가 있어야 한다. 따라서 칼슘 공급원과 더불어 가다랑어포 등 비타민 D를 많이 함유한 식품도 많이 먹도록 힘써야 한다.

특히 젊은 여성에게 필요한 철분

인체에는 약 3g의 철분이 들어 있다. 그 대부분이 적혈구의 헤모글로빈, 근육 속의 미오글로빈, 근육 세포 안에 있는 적색 색소 단백질, 간장의 페리틴 속에 들어 있다. 헤모글로빈에 들어 있는 철분은 산소를 체내의 기관과 조직으로 운반하는 역할을 하며 미오글로빈에 들어 있는 철분은 운반되어 온 혈액 중의 산소를 세포로 받아들이는 작용을 한다.

철분은 이처럼 중요한 일을 할 뿐 아니라 소비가 많은 적혈구의 성분이 되고 있으므로 매일 10~13mg을 섭취해야 한다. 특히 젊은 여성에게는 충분한 보급이 필요하다. 철분이 부족하면 빈혈이 오거나 피로하기 쉬우며 건망증이 많아진다. 또 유아기에는 발육이 늦어지기도 한다.

철분은 흡수가 잘 되지 않는다. 건전한 성인 남자는 하루에 약 0.7mg의 철분을 배설하고 있으므로 그 양만큼 새로 보급되어야 하지만 흡수가 어려우므로 매일 10mg 이상을 섭취해 둘 필요가 있다. 특히 여성의 경우는 남성보다 철분을 더 많이 잃게 되므로 하루에 13~16mg이 필요하다.

철분을 흡수하기 위해서는 양질의 단백질이 필요하며 특히 적혈구는 비타민 B_2, B_6, C가 없으면 만들어지지 않는다. 그러므로 빈혈을 방지하기 위해서는 철분과 함께 위의 각 영양도 동시에 섭취해야 한다. 김, 미역, 다시마는 철분뿐만 아니라 다른 영양소를 골고루 함유하고 있어 철분의 공급원으로는 이상적인 식품이다.

소듐과 포타슘의 밸런스

소듐은 인체에 약 100g이 들어 있으며 주로 식염 상태로 섭취된다. 그리고 포타슘은 약 200g이 들어 있는데 인산염이나 단백질과 함께 세포 속에 들어 있다.

소듐에는 혈압을 상승시키는 작용이 있다. 식염을 많이 섭취하면서도 단백질을 적게 먹는 지방에서 뇌출혈 환자가 많았던 것은 그것에 원인이 있다. 일본 후생성에서는 하루의 섭취량을 10g 이하로 조절하도록 권장하고 있다.

식염은 사람에게 매우 필요한 것이지만 과다하게 섭취하면 뇌출혈, 고혈압의 원인이 된다. 그래서 "된장국을 먹지 말라"는 소리도 있다. 식염은 체내에서 분해하여 소듐 이온으로 되고, 이 이온이 혈관 벽에 흡수되어 혈관을 수축시킨다. 그 결과로 혈액의 흐름에 장해가 발생하면 혈압이 상승한다.

그러나 미역, 다시마에 들어 있는 알긴산이나 감자에 많은 펙틴 등의 식물 섬유와 같이 먹으면 소듐의 해를 방지할 수 있다. 이들 섬유의 대부분은 음식물 속에서 포타슘과 결합되어 있다. 이것이 위 속에 머물러 있는 동안에 강한 위산의 작용으로 포타슘이 분리된다. 그리고 장으로 들어가면 알칼리성의 작용으로 포타슘과 분리된 섬유가 소듐과 결합한다.

일단 자유로워진 포타슘은 장에서 흡수되어 혈압을 떨어지게 한다. 그리고 소듐과 결합한 섬유는 그대로 체외로까지 소듐을 실어 낸다. 이런 종류의 식물 섬유는 이처럼 이중 작용으로 혈압 상승을 방지하고 하강을 돕게 된다.

그렇다면 포타슘의 필요량은 얼마나 될까? 이상적으로는 소듐과 같은 양이 되겠지만 실제로는 그렇게 되기가 어렵다. 따라서 포타슘을 조금이라도 더 많이 섭취하도록 노력해야 균형이 유지된다. 그 증거로는 하루에 포타슘을 소듐 섭취량의 1/6밖에 섭취하지 못한 사람들은 그 30%가 고혈압이었으나, 1/3을 섭취한 사람들의 고혈압 발생률은 15%로 떨어졌다. 이처럼 되도록 소듐을 적게 섭취하고 포타슘을 많이 섭취하는 노력이 필요하다. 김에서는 소듐의 17.5배, 다시마에는 2.2배, 톳에는 3.1배의 포타슘이 더 들어 있다. 대부분의 해조는 포타슘과 소듐의 밸런스 개선에 효과적이다.

해조에는 아이오딘이 많다

아이오딘은 갑상선 호르몬인 티록신의 주성분이다. 이 호르몬은 인간의 성장기에는 발육을 촉진하고 성인이면 기초 대사를 활발하게 한다. 이것이 부족하면 갑상선증 바제도병에 걸린다. 잠재적인 결핍 상태이면 뚱뚱해지거나 피로가 빨리 온다. 일본인에게는 아이오딘이 부족한 일이 없지만, 해풍의 영향이 없는 내륙 지방에서는 주의해야 한다.

아이오딘의 필요량은 하루에 0.1~0.3㎎으로 해의는 한 장, 다시마는 네모가 2㎝ 크기의 한 조각, 미역은 1~4g이면 보충된다.

중국에서는 동북 지방에서는 현재도 바제도병이 발생하고 있다. 이는 아이오딘의 보급이 문제이다. 필자는 다롄(大連) 부근에서 대량으로 생

산되고 있는 다시마의 일부를 가루로 만들어 밀가루에 첨가하면, 바제도
병의 예방과 다시마의 소비 확대에 도움이 될 것이라고 제안한 바 있으나
유감스럽게도 아직은 실현되지 않고 있다.

그 밖의 미네랄

해조류에는 여기서 말한 미네랄 외에도 여러 가지 종류가 포함되어 있
다. 가령 뼈나 치아의 재료가 되는 인, 부족하면 빈혈이 되는 구리, 뼈의
발육이나 생식 능력을 떨어뜨리는 망가니즈, 성장이 나쁘거나 피부 장해,
미각에 이상을 일으키는 아연도 해조에 들어 있다.

또 비타민 B_{12}의 성분이 되는 코발트를 비롯하여 셀레늄도 채소보다
많이 들어 있다. 셀레늄의 섭취량과 유방암에 의한 사망률 사이에는 높은
상관관계가 있다. 즉, 셀레늄의 섭취량이 많은 일본, 타이완, 홍콩, 그리
스, 유고슬라비아, 불가리아 등에서는 사망률이 낮은 동시에 폐암, 대장
암에 의한 사망률도 섭취량이 많은 나라일수록 적다. 암의 예방을 위해서
는 매일 30㎍을 섭취해야 한다.

미네랄 중에는 하루의 필요량이 극히 적은 종류도 많다. 그러나 부족하
면 역시 결핍증이 나타난다. 더구나 최근과 같이 대부분의 식품이 완전히
정제한 결과로, 자칫하면 미네랄이 부족하기 쉽다. 해조류는 특별한 경우
를 제외하고는 가공에 의한 미네랄 손실이 거의 없다고 할 수 있다. 그래서
해조류는 필요한 미네랄을 고르게 섭취할 수 있는 귀중한 공급원이 된다.

3. 해의는 비타민의 중요한 공급원

비타민 A와 눈, 귀, 혀

비타민은 인체에서 윤활유와 같은 역할을 한다. 그러므로 매일 필요량을 보급해야 한다. 해조류 특히 해의에는 각종 비타민이 들어 있어서 비타민 공급원으로 매우 귀중한 식품이다.

카로틴은 체내로 흡수되어 비타민 A와 같은 작용을 한다. 그러나 그 전량이 이용되는 것이 아니므로 식품 성분표(〈표 19〉 참조)에서는 카로틴 양을 1.8로 나눈 값을 비타민 A 효력으로 표시하고 있다.

비타민 A는 눈의 망막에서 옵신이라는 단백질과 결합하여 로돕신 (Rhodopsin, 視紅)을 만든다. 이 로돕신이 빛을 감지하게 된다. 따라서 비타민 A가 부족하면 빛에 대한 감수성이 나빠지고 야맹증에 걸린다.

다음에는 피부나 점막의 정상 작용이다. 세포나 점막을 만드는 물질의 하나가 당단백질이다. 비타민 A는 이 당단백질을 만드는 데 필요하다.

	카로틴 ug	비타민A 효력 IU	비타민 B₁ mg	비타민 B₂ mg	나이아신 mg	비타민 B₆ mg	비타민 B₁₂ ug	비타민 C mg	비타민 D ug
해의	25000	14000	1.15	3.40	9.8	1.04	29.8	100 ~800	0
구운김	24000	13000	1.10	3.20	9.0			95	0
참다시마	1000	560	0.48	0.37	1.4	0.27	0.30	25	-
생미역	1400	780	0.07	0.18	0.9			15	
마른미역	3300	1800	0.30	1.15	8.0			15	
회건미역	50	28	0	0.03	0			0	
염장미역	840	470	0.03	0.07	0.2			0	
탈염	49	27	0.03	0.01	0			0	
마른톳	550	310	0.01	0.14	1.8	-	0.57	0~92	16

(일본 식품 성분표 四訂, 金澤· 1963)

표 19 | 해조류의 비타민 함량(100g 중 ㎎)

당단백질의 기능은 다음과 같다.

① 성장 촉진과 세균 감염에 대한 저항력의 향상: 세포의 신생을 순조롭게 하고 모든 점막을 튼튼하게 하므로 성장이 촉진되고 세균의 감염에 대한 저항력이 강해진다.

② 피부의 정상적인 기능 강화: 피부의 작용이 정상적으로 되므로 상처를 입은 피부의 회복이 촉진되고 빨리 치료된다.

③ 제암 작용의 증가: 암세포가 급속하게 불어나는 원인이 되는 세포의 이상 분열을 억제하는 기능이 있으므로 암의 예방에 효과가 있다.

④ 청각 작용의 정상화: 비타민 A는 청각이 정상적으로 되게 한다. 이것이 극도로 부족하면 장해가 일어나 소리가 들리지 않게 된다.

⑤ 미각 작용의 정상화: 음식 맛은 혀의 표면에 모여 있는 미뢰(味蕾)에서 감지하는데, 이 미뢰는 표피 세포에 둘러싸여 있어 자칫하면 각질화되기 쉬워 미뢰의 기능을 잃게 된다. 이것을 방지하고 미뢰를 정상으로 유지하는 것이 비타민 A이다.

성인 남자 한 사람이 하루에 2,000IU(국제단위), 여자는 1,800IU의 비타민 A가 필요하다. 식품 성분표(표 19)에서는 구운 해의 100g에 비타민 A의 효력으로 1,300IU가 들어 있다. 해의 한 장을 약 3g으로 치면 1장에 400IU가 들어 있는 셈이며, 이는 1일 필요량의 20%에 해당한다. 생미역이면 50g으로 390IU가 되므로 역시 1일 필요량의 20%를 섭취하게 된다.

해의 한 장에는 쌀밥 한 공기를 소화할 수 있는 비타민 B_1이 들어 있다

일본인에게 각기병은 이미 옛날이야기가 되었다. 에도 시대부터 알려진 각기병은 쌀밥이 보급되면서 비례적으로 불어나 1923년경에는 26,772명이 각기병으로 사망한 바 있다. 그리고 지금 다시 비타민 B군의 부족이 주목되기 시작했다.

비타민 B_1은 녹말 등의 당질을 분해하여 에너지로 이용하는 과정에서 중요한 일을 하는 효소의 주요 성분이다. 당질은 분해되어 먼저 포도당으로 되고 피루브산을 거쳐 아세틸콜린 A로 되는데 이때 필요한 보효소, 티아민피로인산(TPP)의 구성 성분이 비타민 B_1이다.

비타민 B_1이 부족하면 티아민피로인산이 충분하게 만들어지지 못하고, 당질의 분해가 피루브산에서 중지되어 여러 가지 장해를 일으킨다. 특히 신경 세포는 에너지원을 포도당에 의존하고 있으므로 비타민 B_1이 부족하면 신경 세포의 활성이 떨어진다. 즉, 정상적인 정서를 잃게 되어 싸움이 잦아지거나 조급해지며 성격이 까다로워지고 일에 대한 흥미를 잃으며 울적해진다.

게다가 비타민 B_1은 가공과 조리 과정에서 손실이 크다. 그러므로 식품 성분표대로 믿고 섭취해서는 안 되며 특히 조미 가공식품에서는 크게 부족하게 되는 경우도 있다.

성인 남자는 하루에 0.7~1.0mg, 여자는 0.6~0.8mg의 비타민 B_1이 필요하다. 구운 해의 100g에는 1.10mg이 들어 있으므로 한 장에는 0.03mg이 들어 있다. 또 생미역은 50g에 0.035mg이 들어 있다. 이 양은 결코 많은 것은 아니나 최근과 같이 부족하기 쉬운 식생활에서는 모든 식품에서 조금씩이라도 섭취할 수 있도록 주의해야 한다. 해의 한 장에는 쌀밥 한 공기를 소화하는 데 필요한 비타민 B_1이 들어 있다고 할 수 있으므로 김밥도 매우 이상적인 식품이 된다.

노화 방지에 필요한 비타민 B_2

당질, 지질, 단백질은 체내에서 산화되어 에너지로 이용된다. 그 대사에 필요한 효소의 성분으로서 없어서는 안 되는 것이 비타민 B_2다. 또, 인체의 노화나 백내장은 지질의 과산화물이 축적되기 때문에 일어나는 것이며, 비타민 B_2에는 이것을 방지하는 작용이 있다는 보고도 있다.

비타민 B_2가 결핍되면 구순염, 구각염, 피부염이 발생한다. 하루의 필요량은 성인 남자가 1.0~1.3㎎, 여자가 0.8~1.1㎎이다. 해의 한 장에서 0.1㎎, 생미역 50g에서 약 0.1㎎, 다시마 3g에서도 같은 양의 비타민 B_2를 보충할 수 있다. 이 양은 결코 많은 것은 아니지만 매우 소중한 것이다.

허약체에 필요한 비타민 C

일본에서는 비타민 C가 부족하여 괴혈병에 걸리는 일은 거의 없다. 그 원인은 비타민 C가 풍부한 일본 차를 많이 마시고 있기 때문일 것이다.

비타민 C에는 다음과 같은 작용이 있다.

① 콜라겐의 형성 작용: 뼈에는 콘크리트 속에 들어가는 철근과 같은 기능을 가지는 단백질의 일종인 콜라겐이 있다. 이 콜라겐은 세포와 세포를 결합하는 작용도 한다. 콜라겐이 충분하지 않으면 모세혈관, 이빨, 뼈가 건전하게 발육할 수가 없다. 비타민 C는 이 콜라겐을 형성하는 데 관계한다.

② 바이러스의 침입 방지 작용: 콜라겐이 충분히 만들어지면 세포와 세포가 시멘트 같은 물질로서 단단하게 결합하므로 바이러스가 세포 내로

침입하기가 어렵게 된다. 따라서 비타민 C는 인플루엔자의 예방 효과가
있다.

③ 인터페론의 형성 촉진 작용: 인터페론은 동물에게 자극이 주어졌을
때 체내에서 만들어지는 것으로 바이러스나 세균의 증식을 억제하는 힘
이 있다. 그리고 암과 같은 악성 종양에 대한 억제 효과도 있어서 주목
을 받고 있다. 비타민 C는 이러한 인터페론이 세포 내에서 만들어지는
것을 촉진하게 되므로 질병에 대한 저항력이 강화된다.

④ 철의 흡수 촉진 작용: 체내에서 흡수가 잘 안 되는 철분의 흡수를 촉
진하며 적혈구를 만드는 데도 관계한다. 이때 철분, 단백질, 비타민 B_2,
비타민 B_6가 동시에 존재해야 한다. 비타민 C는 강한 산화 흡수력을 갖
고 있다. 이 산화 환원 작용이 철 이온의 흡수를 촉진하게 된다.

⑤ 부신 피질 호르몬의 합성 작용: 부신 피질 호르몬에는 외부로부터의
스트레스에 대한 저항력을 증가시키는 중요한 기능이 있다. 비타민 C는
이 부신 피질 호르몬을 만드는 데 이용된다. 최근과 같이 스트레스가 많
은 환경에서는 그만큼 많은 비타민 C를 섭취해야 한다.

⑥ 콜레스테롤의 이상 축적 예방 작용: 콜레스테롤이 비정상적으로 축
적되면 고혈압을 비롯한 여러 가지 장해나 이상이 생긴다. 비타민 C는
혈액 중에 축적된 필요 이상의 유리 콜레스테롤을 간장으로 보내 담즙
산으로 바꾸어 체외로 배설하는 데에 작용한다.

⑦ 이물의 해독 작용: 체내에 이물(유해한 물질)이 들어오면 간장에서 이
것을 분해하여 무해한 물질로 바꾸어 체외로 배설한다. 비타민 C는 해

독 작용에 쓰인다.

⑧ 멜라닌 색소 형성의 억제 작용: 피부가 자외선을 받으면 멜라닌 색소가 만들어져서 그 해를 방지하게 된다. 해수욕장이나 고원 등 자외선을 많이 받는 장소에서 햇볕에 타는 것은 이 때문이다. 비타민 C에는 멜라닌 색소의 형성을 억제하는 작용이 있으므로 피부가 검어지는 것을 방지하게 된다.

⑨ 면역력의 강화 작용: 병원균이 체내로 침입하면 그에 대응한 항체가 만들어져서 몸을 보호하려 한다. 비타민 C는 림프구의 작용을 활발하게 하여 항체의 활성과 면역력을 높이는 작용을 한다.

⑩ 발암 물질의 생성 억제 작용: 위 속에서는 채소 등에 들어 있는 아초산과 불고기 등에 들어 있는 저급 아민이 결합하여 나이트로소아민이 만들어진다. 이 나이트로소아민에는 강한 발암성이 있다. 비타민 C에는 이와 같은 발암성 물질이 위에서 만들어지는 것을 방지하는 힘이 있다.

비타민 C는 이상과 같은 여러 가지 작용을 하고 있다. 비타민 C가 부족하면 당연히 이와 같은 작용이 억제되어 빈혈이나 허약체가 된다.

비타민 C의 하루의 필요량은 성인 남자가 50㎎이다. 해의 한 장에는 약 3㎎, 생미역 50g에는 75㎎, 다시마 100g에는 25㎎의 비타민 C가 들어 있다. 따라서 해조는 비타민 C의 공급에 주역까지는 못 되어도 매우 큰 비중을 지닌다.

건조, 냉장 보존이 해의의 비타민 C를 보호한다

해의에 들어 있는 비타민 C의 함량에 대한 지금까지의 분석 결과를 보면, 그 값이 최고 800mg에서 최저 10mg까지 극단적인 차이를 보인다.

우리가 분석한 결과도 최고는 700mg으로 나왔으며 대부분이 300~500mg 범위 안에 있으나 최저는 185mg까지 갔다.

해의에 함유된 비타민 C 분석 값이 이렇게 차이가 큰 원인은 어디에 있을까? 해의의 수분 함량을 2%에서 18%까지 6단계로 조정하여 각각을 10℃, 20℃, 30℃의 항온 상자에서 보존하면서 비타민 C양의 변화를 조사한 결과는 〈그림 20〉과 같았다.

10℃의 낮은 온도에서는 수분 함량이 6%인 해의도 8주 후에 83%를 유지하였지만, 12%까지 축이면 1주 후에는 82%로 줄고, 8주 후에는

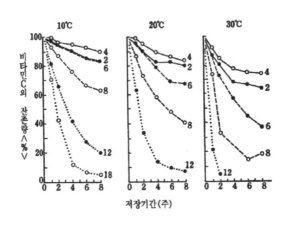

그림 20 | 온도 및 수분함량을 다르게 저장한 해의의 비타민 C 함량 변화

21%까지 줄었다. 다음 20℃에서는 수분 함량을 6%까지 건조해 두어도 8주 후에는 68%로 줄고, 12%의 수분이 함량 되면 1주 후에는 63%, 8주 후에는 8%로 많이 감소하였다. 30℃의 고온에서는 수분 함량이 6%라도 1주 후에는 88%, 8주 후에는 37%로 감소했으며, 이 조건 아래서 12%까지 축여두면 1주 후에는 21%, 2주 후에는 4%까지 매우 급격하게 감소했다.

이 결과로 해의에 들어 있는 비타민 C는 해의의 수분 함량이 많을수록 분해 속도가 빨라진다. 그리고 이 경향은 보존 온도가 높을수록 두드러진다. 앞에서 말한 분석 값의 변동은 해의 보존 시의 수분 함량과 온도 등의 조건과 그 보존 기간에 따른 것으로 추정된다.

그러므로 해의를 보존할 때는 '습기를 띠지 않게 하는 것'이 가장 중요하고, 다음으로는 저온 상태에 두어야 한다. 이러한 경향은 분해 속도는 다르지만 엽록소, 홍조소, 남조소의 분해 과정에서도 볼 수 있었다(2장 참조). 또 미역의 엽록소 함량도 수분 함량 10% 이상이 되면 분해 속도가 갑자기 빨라진다.

6장

해조는 질병을 예방한다

1. 해조와 암

추출물 주사의 효과

여기서는 야마모토 씨의 실험 결과를 소개한다.

야마모토[기타사토(北里)대학] 씨는 중국 상하이(上海) 종류의원(腫瘤醫院, 암연구소)에서 출판된 『종류(腫瘤)의 예방과 치료』에서 「다시마(海帶), 모자반류(海藻), 대황(昆布)[1]이 각종 암에 대하여 유효하다」라고 쓰여 있는 기사에 흥미를 느끼고 실험을 하게 되었다.

실험 재료로는 일본 근해에서 나는 각종 다시마, 미역, 톳, 김 등의 식용 해조류를 이용하였다. 한방약은 생약을 끓여 마시는 것이 보통이지만, 이 방법으로는 농도를 일정하게 할 수가 없다. 야마모토 씨는 말린 조체에 그 중량의 15~20배의 물을 가하여 4시간을 끓여 추출액을 만들고, 이 추출액을 여과하여 감압 농축한 다음 동결 건조하였다. 이것은 전약(煎藥, 달여서 먹는 약)에 해당한다. 동결 건조한 가루를 정확하게 달아

---

1 대황(昆布): 일본은 다시마를 昆布로 표기하지만, 중국에서는 대황을 昆布로 표기한다.

해조	추출물	투여량 (mg/kg/day)	증식저지율 (%)
참김	엑스(Extract)	200×9	37.9
미역	엑스	200×9	26.8
미쓰이시 다시마	엑스	200×9	70.6
	내액	100×5	94.8
긴 다시마	엑스	200×9	76.8
	내액	100×9	92.3
리시리 다시마	엑스	200×9	52.1
	내액	100×10	68.1
참다시마	내액	100×10	65.9

표 20 | 해조 추출물의 복강 내 투여에 의한 생쥐에 피하 이식한 육종 180 종양 세포에 대한
증식 저지 효과 건강 상태와 비타민의 필요량

서 일정량의 물에 녹이면 균일한 농도의 엑스제(Extract)를 만들 수 있다.

또 이 엑스를 셀로판 튜브에 넣어 투석하여 거기에 포함된 고분자 성
분만을 모아 감압, 농축한 후 동결 건조하여 가루를 만들어 이것을 내액
(內液)으로 삼았다.

여러 가지 해조에 대하여 이와 같은 엑스와 내액을 만들어 각종 암에
대한 효과를 조사하였다.

먼저 생쥐에 이식할 수 있는 암세포의 일종인 육종(Sarcoma, 비상피성
세포로부터 유래되는 악성종양) 180 종양 세포를 대상으로 하였다. 이 세포를
생쥐의 피하에 주입하고 매일 1회씩 9회 또는 2일에 1회씩 5회, 멸균수에
녹인 엑스나 내액을 복강에 주사했다. 대조군에는 같은 양의 멸균 수만을
주사했다. 암세포를 주입한 지 35일 만에 생쥐의 피하에 발육한 암을 적

출하여 그 무게를 측정하였다.

그 결과, 증식 저지율은 미역은 26.8%, 김은 37.9%로 낮아서 억제 효과를 인정할 수 없었다. 그러나 홋카이도 미쓰이시(三石)가 산지인 미쓰이시 다시마(L. Augustata)의 내액은 94.8%, 긴 다시마(L. Augustata var Longissima)의 내액은 92.3%로 각각 고분자 성분이 유효했다. 그리고 참다시마와 홋카이도 리시리(利尻)산 리시리 다시마(L. Japonica var Srotensis)는 중간 정도였다(〈표 20〉 참조).

해조	추출물	마릿수	투여량 (mg/kg/day)	연명률 (%)
참김	엑스	4	400×6	0
	내액	4	200×6	4
미역	엑스	4	400×6	0
	내액	4	200×6	0
미쓰이시 다시마	엑스	3	300×6	0
	내액	3	200×6	0
긴 다시마	엑스	3	400×6	29*
	내액	7	200×7	25*
리시리 다시마	엑스	3	400×6	10
	내액	7	200×6	39*
참다시마	엑스	3	400×6	14
	내액	3	200×6	29*

(유효)

표 21 | 각종 해조 추출물의 복강 투여에 따른 L121 백혈병 세포를 이식한 생쥐의 연명 효과

다음에는 역시 생쥐에 이식할 수 있는 백혈병 세포 L121을 사용하여 실험하였다. 먼저 생쥐의 복강에 백혈병 세포를 주입한다. 24시간 뒤에 멸균수에 녹인 각종 해조의 엑스와 내액을 하루 1회씩 6일간 복강 내로 주사하여 생쥐의 연명률을 조사하였다. 그 결과는 〈표 21〉과 같이 리시리 다시마, 참다시마, 긴 다시마의 내액에서는 연명 효과가 인정되었으나 김, 미역, 미쓰이시 다시마에서는 연명 효과가 없었다.

지금까지는 모두 해조의 추출액을 체내에 주사하여 효과를 조사한 것이지만, 그렇다면 음식물로 먹었을 때는 어떻게 되는가를 다음의 실험으로 조사하였다.

해조를 먹였을 때의 효과

이번 실험은 들쥐(Rat)에 디메틸 하이드라진(Dimethy 1-Hydrazin, DMH)이라는 발암물질을 주사하여 장암을 발생시킨 들쥐에 각종 해조 가루를 2% 혼합한 먹이를 주어 그 효과를 조사했다. 먼저 DMH을 1주에 1회씩 체중 1kg당 20mg을 12주간 연속 주사하면서 해조 가루를 첨가한 먹이를 먹였다. 주사를 끝낸 8주 후에 들쥐를 해부하여 암 발생 상태를 조사하였다.

해조 가루가 들어 있지 않은 표준 사료만 먹인 무리에서는 10마리 중 7마리에 10개의 암이 발생하였다. 여기에 비하여 김 가루 2%를 첨가하여 먹인 무리에서는 10마리 중 2마리에서만 장암이 발생하였으며, 더구

사료	들쥐의 수	장암 발생 개체 수	장암 발생 수			한 마리의 암 발생 수
			소장암 수	대장암 수	장암 총 수	
표준 사료	10	7	5	5	10	1.0
참김 2% 첨가 사료	10	2	0	2	2	0.2
리시리 다시마 2% 첨가 사료	10	4	4	7	11	1.1
톳 2% 첨가 사료	10	4	4	7	11	1.1
홑파래 2% 첨가 사료	10	8	8	7	15	1.5

표 22 | DMH 유발 들쥐의 장에 대하여 해조 첨가 사료에 의한 발암 억제 효과(山本: 1983)

나 각각 하나씩의 대장암이 발생했을 뿐이었다. 또 리시리 다시마 가루를 먹인 무리에서는 3마리에 하나씩의 대장암이 발생했을 뿐이다. 이처럼 김과 리시리 다시마에는 DMH에 의하여 발생하는 장암을 억제하는 효과가 있었다. 그러나 톳과 홑파래에서는 그런 효과가 없었다(〈표 22〉 참조).

다음에는 C3H[2]라는 특수한 계통의 생쥐를 가지고 실험하였다. 이 계통의 생쥐는 선천적으로 유방암 바이러스를 가지고 있는 것이 있으며, 그 암컷은 생후 1년 반 정도가 되면 유방암으로 사망한다.

여기에서는 7주령이 된 C3H 암쥐에 표준 사료와 김과 리시리 다시마

---

2 C3H: 새끼가 젖을 먹을 때 어미로부터 유방암 바이러스의 감염을 받게 되므로 암컷의 대부분이 생후 1년 반 정도 되면 유방암으로 높은 사망률을 보이는 생쥐 계통.

가루를 2% 섞은 사료 구역을 설치하여 유방암 발생률과 생존율을 60주령 동안 조사하였다. 표준 사료만을 먹인 무리에서는 10마리 중 8마리에서 유방암이 발생한 데 비해 김을 먹인 무리에서는 10마리 중 3마리, 김과 리시리 다시마를 먹인 무리에서는 10마리 중 4마리에서만 유방암이 발생했다(〈그림 21〉 참조).

또 미역, 미쓰이시 다시마, 긴 다시마, 어린 다시마의 가루를 각각 2%씩 먹이에 첨가하여 먹인 실험 구역을 만들어 같은 방법으로 53주령을 실험하였다. 그 결과 유방암 발생률은 대조군의 50%에 대하여 미역 20%, 미쓰이시 다시마 30%, 긴 다시마 50%, 어린 다시마는 40%였고, 또 생존율은 대조군의 70%에서 미역, 미쓰이시 다시마, 긴 다시마가 각각 90%, 어린 다시마가 80%였다.

이와 같이 김, 리시리 다시마, 미역, 미쓰이시 다시마에는 유전적으로 발생하는 유방암을 억제하거나, 발생을 늦추거나 하는 작용이 인정되었고 또 발생 후에도 연명 효과가 확인되었다.

이상과 같은 일련의 실험 결과로, 해조류에 따라서는 백혈병, 약물에 의하여 발생하는 암, 유전적으로 발생하는 암의 어느 것도 다 억제하는 작용이 있고 상당수는 두 종류의 암에 유효하다는 사실이 확인되었다.

여기에 대해 야마모토 씨는 다시마, 미역 등의 갈조류에 대하여는 제암의 유효 성분이 주로 황산 다당(黃酸多糖)일 것이라고 한다. 그리고 이 물질이 암세포에 직접적으로 작용하는 것이 아니라 생체의 암에 대한 방어력을 높이거나 장 내에서 유해물질을 무독화하는 등의 간접적인 작용으

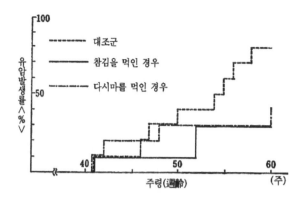

그림 21 | 참김과 오쓰구 다시마를 첨가한 사료를 먹인 생쥐의 암 발생 억제 효과(山本: 1984)

로 암을 억제하고 있다고 생각하고 있다. 다만 김에 대해서는 그 유효 성분이나 작용 메커니즘이 아직 해명되지 않았다.

이상의 결과는 어디까지나 동물에 대한 실험이며, 이 결과가 바로 '사람에게도 적용된다'라고는 할 수 없다. 그러나 해조류를 많이 먹고 있는 일본인에게 직장암, 유방암이 적은 점이나, 식생활의 변화로 최근에 암 발생률이 높아지는 현상을 더불어 생각할 때 그 효과를 기대할 수 있을 것 같다.

만일 사람에게도 들쥐와 같은 효과가 있다고 가정한다면 사람은 어느 정도의 해조를 먹어야 효과가 있는가를 생각해 볼 필요가 있다. 들쥐의 체중은 500~600g이고 하루에 약 25g 정도의 먹이를 먹는다.

2%의 해조 가루를 첨가했으므로 그 양은 0.5g이 된다. 그러므로 사람의 체중과 하루의 식사량을 산출하여 이것과 들쥐의 유효량에 견주어 보면, 사람은 하루에 8~10g을 섭취하는 것이 좋을 것이다.

2. 김과 위궤양

김은 어떤 종류의 궤양에 효과가 있다

이번에는 사카가미(坂上, 전 도쿄공대) 씨의 연구를 소개하겠다. 본론에 앞서 위궤양을 간단히 설명하겠다.

위궤양에는 그 발생 원인으로 보아 두 가지 유형이 있다. 그 한 가지는 위산과 위액 중의 펩신양 사이에 깊은 관계가 있다고 보는 '체질성 궤양'이고 다른 한 가지는 외부로부터 받는 여러 가지 스트레스가 원인이 되는 '스트레스 궤양'이다. 여기서는 7주령(週齡, Age of the Week)의 암쥐를 사용하여 각각의 위궤양에 대한 김의 효과를 조사하였다.

체질성 위궤양에 대한 실험법은 먼저 들쥐의 위를 드러내 위의 입구인 유문을 무명실로 묶는다. 위를 다시 제자리로 옮긴 다음 30분 뒤부터 김의 추출 성분을 첨가한 1%의 CMC 수용액을 복강 속에 주입한다. 그 후 모든 먹이를 끊고 18시간 후에 위를 절개하여 궤양 상태를 조사하였다.

그다음 정신적인 자극으로 일어나는 스트레스 궤양의 실험 방법은 들쥐의 복강 안에 위에서와 같은 김 성분액을 주입한 다음 들쥐를 몸이 움

처치	투여량	유발지수	저지율(%)
투여	5mg	0	100
무투여	0	4	0

(坂上: 1982)

처치	투여량	유발지수	저지율(%)
투여	5mg	4	0
무투여	0	4	

(坂上: 1982)

표 23 | 들쥐의 체질성 궤양과 스트레스 궤양에 대한 김의 추출 성분(포르피오신)의
치료 효과

직이지 못할 정도로 좁은 상자에 넣어 25℃의 물속에 목까지 담가 18시간을 방치해 두면 들쥐가 스트레스를 받아 위궤양이 발생한다. 어느 쪽 실험이나 실험 종료 후, 해부하여 김의 추출 성분을 준 무리와 주지 않은 무리에 대하여 궤양 지수를 계산했다. 그 실험 결과는 〈표 23〉과 같다.

체질성 궤양에서는 김 추출 성분을 투여한 무리에서는 궤양을 볼 수 없었으나, 투여하지 않은 무리에서는 위궤양 지수가 4이며 저지율은 100%였다. 그러나 스트레스성 궤양에서는 투여한 쪽이나 투여하지 않은 쪽이나 모두 궤양 지수가 4이고 저지 효과는 없었다.

사카가미 씨는 약 8kg의 김에서 유효 성분의 결정(結晶) 18mg을 뽑아내 이것을 포르피오신이라고 명명하였다.

이 실험 결과를 바로 사람에게까지 확대하여 해석할 수는 없다. 그러나 '매일 해의를 먹는 사람은 위궤양에 안 걸린다'라는 말도 있고 경험적

으로도 많이 알려져 있다. 최근에 갑자기 많아진 위궤양은 대부분이 직장에서 받는 스트레스가 원인이 되는 스트레스 궤양일 것이다. 그런데 직장에서 상사에게 꾸지람을 듣고 '홧김'에 먹는 해의는 아무 효과도 기대할수가 없다.

해조류에 건강을 유지하게 하는 힘이 있다는 것은 여러 곳에서 말했다. 또 담석, 고혈압, 뇌혈관 질환의 예방 효과가 있을 것이라는 점도 말했다. 어떻든 간에 해조류의 보건 효과는 마치 한방약과 비슷한 점이 있어 평소 관심을 가지고 끼니마다 약간씩이나마 여러 가지 해조를 먹는 습관을 지니는 것이 중요하다.

마음만 먹으면 구운 해의, 커트 미역, 다시마 등 어디서나 손쉽게 먹을수 있다. 그와 같은 노력과 배려는 우리 자신의 건강을 유지하는 원동력이 되어줄 것이다.

7장

해조를 맛있게 먹는 방법

1. 해의는 밥반찬만이 아니다

해의는 모두가 국산품

일본에서의 해의 소비는 1970년대 후반에 둔화를 보이기도 하였으나 최근에는 전국적으로 거의 균일하게 소비하고 있다. 옛날에는 관동(關東) 지방이 소비 중심지였으며 이 지방의 해의 소비량은 전국의 평균 소비량보다 20%나 높다.

해의는 에도 시대부터 도쿄를 중심으로 양식되고 유통되어 왔다. 김 양식은 1970년경부터 양식 기술의 발전과 기기류의 개선으로 생산량이 급격하게 증가하기 시작했다. 그 생산 증가분의 소비를 위하여 도쿄를 중심으로 하던 판매 형태로부터 각 지역에서의 소비 확대에 힘을 쏟게 되었다. 그 결과 판매 수량이 거의 전국적으로 균등하게 되었다.

아직까지도 해의가 수입되고 있는 것으로 생각하는 사람이 많겠지만, 1971년도에 20만 속이 수입된 것이 마지막으로 현재는 전혀 수입하지 않고 있다. 쌀과 해의는 유통되고 있는 전량이 특이하게도 일본산으로 충당되고 있다.

소비자의 세대주 나이별로 해의의 구매 금액을 살펴보면, 세대주가 45세 이상인 가정에서 더 많이 구입하는 양상을 보인다. 구입한 해의 전량이 그 가정에서 소비한 것은 아니고 선물용도 포함되어 있을 것이다. 1980년과 1982년의 전국 구매 가격을 비교해 보면 80년도에 비하여 82년도의 전국 평균이 95.5%로 감소하고 있음에도 불구하고 55세 이상에서는 오히려 증가하고 있다.

해의의 용도별 소비량을 보면 가정용과 업무용이 각각 총소비량의 40%를 차지하며 선물용이 20%로 추정된다. 이런 점을 고려할 때 중, 노년층 가정의 구매량 중에는 상당량이 선물용에 포함된다고 할 수 있을 것이다.

해의는 버터와도 잘 어울린다

지금까지의 해의의 소비 형태는 어디까지나 쌀밥에 따라다녔지만, 해의는 간장과 더불어 기름이나 버터와도 잘 어울린다. 버터를 바른 토스트에 간장을 찍은 해의를 얹어 먹으면 정말 맛있다. 그러나 어쨌든 아침 식사로 빵을 먹는 가정 식탁에 해의가 오르는 일은 드물다.

그러므로 업계에서는 젊은 사람들의 식생활에 잘 어울리는 새로운 제품이나 양식에도 어울리는 형태의 상품 개발에 노력하고 있다. 동결하여 건조한 김을 예로 들어보자. 김발에서 채취한 원형을 동결하여 건조하면 세포가 상하지 않고 신선하게 저장된다. 이것에 소량의 버터를 발라 약한 불로 가볍게 볶으면 녹색으로 변하는데, 김의 풍미와 버터 맛이 조화되어

사진 15 | 중국에서 시판되고 있는 김 수프 재료(마른 김 부스러기와 양념이 들어 있다)

사진 16 | 중국에서 시판하는 김 차(茶). 더운물에 넣으면 김 차가 된다

아주 좋은 양주 안주가 된다. 만약 샐러드기름 등에 튀겼을 때는 카레와 같은 향신료를 약간 가하면 더없이 좋은 맛이 난다.

앞에서도 언급했지만, 한국에서는 해의에 기름소금을 약간 바른 다음 살짝 구워서 먹는데 그 맛이 좋아 일본 사람의 구미에도 잘 맞을 것이다. 또 중국에서는 주로 수프에 넣어 끓여 먹는데 생일이나 명절 같은 때는 빼놓을 수 없는 요리의 한 가지다.

중국의 푸젠성(福建省)에서는 구운 김을 비벼서 3g 정도의 가루로 만들어 포장하여 수프 원료로 팔고 있다. 이것을 찻잔에 넣고 더운물을 부으면 김 수프가 된다. 다시 김 가루를 설탕과 갈분을 써서 마작패 2개 정도의 크기로 만들어 시판하고 있다. 이것도 썩 좋은 맛을 내는 김 갈분차인 것이다(〈사진 15〉, 〈사진 16〉 참조).

일본 사람에게는 김과 단맛을 결부시키기가 어렵겠지만, 생각보다는 훌륭한 맛이어서 김으로 고물을 만들어 경단을 만들거나, 두루마리 빵을 만들어 먹을 수도 있다. 이때 어린이들에게는 레몬즙을, 어른에게는 유자즙 등을 쳐서 신맛을 내면 좋다. 같은 조림이라도 영국에서는 수프로 조려서 간장으로 간을 맞추면 여러 가지 맛을 내는 페이스트가 된다.

2. 미역은 한국에서 큰 인기

미역의 새로운 요리법

일본의 국민 한 사람당 미역의 구매량을 보면 전국 평균이 1965년의 191g에서 1975년에는 378g, 1982년에는 567g로 17년간에 3배로 불어났다. 이것을 다시 지역별로 보면 도호쿠(東北), 간토(關東), 규슈(九州) 지방은 전국 평균보다 높고 긴키(近織), 주코쿠(中國), 시고쿠(四國) 지방은 평균보다 낮다.

소비량이 3배나 증가한 원인은 마른미역뿐만 아닌 염장 미역, 커트 미역, 가루 미역, 맛 미역 등의 제품이 많이 개발된 데다 된장국, 단초[1], 초장 무침 등의 재래식 조리 형태에서 벗어나 미역 국수, 미역 라면, 해조 샐러드 등 새로운 식품들이 나왔기 때문이다. 업계의 노력과 연구로 많은 새제품이 개발, 탄생하였고 그에 따라 상상도 못할 정도로 수요가 많이 늘어났기 때문일 것이다.

---

1 단초: 설탕과 술을 섞은 것에 간장 초를 적당하게 혼합한 조미료 초의 한 가지.

일본에서는 지금 한 사람이 연간 567g을 소비하고 있지만, 도호쿠 지방에서는 15배나 되는 872g을 먹고 있다. 그런데 한국에서는 약 4000만 인구가 생중량으로 약 20만 톤을 생산하며 그중에서 일본으로의 수출량을 제하면, 128,000톤을 자국에서 소비하고 있다. 이것으로 1인당 소비량을 계산하면 실로 3,200g으로 일본의 4~6배에 이르고 있다.

한국에서는 식사에 수프가 매우 중요시된다. 이것은 일본의 된장국과 같은 것이 아니고 수프 자체가 하나의 독립된 요리로 취급된다. 대부분이 육류를 기본으로 하는데 소, 돼지, 닭 등의 거의 모든 것이 잘 이용되고 있다. 가령 소를 예로 들면 전갱이, 꼬리, 혀, 내장 등 모든 부분을 훌륭히 이용하고 있다. 이 수프 요리의 일부로 미역이 쓰인다.

한국의 미역 조리법

열을 가한 냄비에 참기름을 두르고 먹기에 알맞은 크기로 자른 쇠고기와 미역을 넣어 볶은 다음, 후춧가루와 소금으로 간을 맞춘 후 파슬리에 걸쳐서 먹는다. 쇠고기 대신 조개류나 닭고기를 사용해도 좋다.

한국에서는 예로부터 아내가 임신하면 마른미역을 다발로 사두고, 출산 후에는 매일 미역을 많이 넣은 국을 한 그릇씩 먹어 왔다. 그렇다고 일반 사람들이 미역을 매일 먹었던 것은 아니다. 미역의 양식 기술이 발달하면서 과잉 생산된 미역을 소비하기 위하여 거국적인 소비 확대 운동이 전개되고 군인들의 부식으로도 미역을 쓰기 시작하였으며, 공장 급식에 사용하는 동시에 일반 가정에서도 소비가 더 늘어나게 되었다.

산모들이 미역국을 즐겨 먹는 관습도 있었지만, 군대와 직장 급식을 통하여 미역과 친해진 결과가 미역 소비를 확대한 원동력이 되었을 것이다. 일본에서도 이처럼 미역국을 선전 보급했으면 싶다.

최근 중국의 다롄에서는 커트 미역과 미역 수프를 생산하기 시작하였다. 이것은 쓰촨성(四川省) 같은 내륙 지방에서 특히 반응이 좋으며 수요가 급속도로 늘어나고 있다고 한다. 그 결과로 다롄에서는 다시마 양식 면적을 줄이고 미역 양식을 확대해나가고 있다.

3. 맛국물을 만드는 것만이 다시마가 아니다

다시마의 통로

다시마의 1인당 구매량은 1965년에 188g이던 것이 해마다 줄어들어서 1982년에는 158g까지 떨어졌다.

그런데 이상한 것은 생산량은 거의 일정하며, 국민 1인당의 구매량이 감소했는데도 그 가격은 지난 17년간에 무려 3.3배나 올라갔다는 점이다. 그 결과로 시장 가격은 소비자 부재 현상을 가져왔으며, 한편으로는 여러 가지 새로운 조미료가 보급되면서 다시마를 이용하여 맛국물을 우려내는 가정은 거의 볼 수 없게 되었고 다시마의 소비량도 감소하였다.

지역별 구매량을 보면 간토, 도카이(東海) 지구에서 일본 전국 평균 소비량의 80~88%, 주산지인 홋카이도는 70%에서 최근에는 108%로 늘어나 그 면목을 지키고 있다. 그리고 자연산의 남쪽 한계선이 되는 도호쿠 지방은 108~150%를 소비하고 있다. 그런데 산지도 아닌 호쿠리쿠(北陸)가 150~170%, 오키나와가 160~207%를 소비하는 것은 매우 놀라운 일이다.

실은 여기에는 그럴만한 역사적 배경이 있다. 먼저 좀 특이한 입장이

도호쿠 지방이다. 이 지역은 앞에서 말했듯이 다시마 생산의 남쪽 한계로서, 이 지역에서 생산된 다시마는 이 지역에서 소비하고 있다. 그러나 이 지역은 다시마의 생육이 매우 어려운 환경이므로 그 엽체가 얇고 잘 크지 못한다. 그러한 사정 때문인지 이 지역에는 예로부터 다시마를 잘게 썰어서 발장에 떠서 말린 초제한 다시마 제품이 이용되고 있다. 물론 일반 제품의 다시마도 소비되고 있다.

한편 일본의 다시마 주산지는 홋카이도이므로 옛날에는 동해 연안을 따라 쓰루가(敦賀)나 고하마까지 배편으로 운반되고 여기서 육로로 교토(京都)로 운반되었다. 또 일부는 그대로 시모노세키(下關)를 돌아 세토나이카이로 들어가 오사카까지 운반된다. 이 다시마의 통로는 오사카에서 다시 남하하여 오키나와에 이른다. 오키나와로 건너간 다시마의 일부는 다시 중국으로 수출되어 '불로장수의 약'으로 귀하게 취급되었다. 이렇게 보면 호쿠리쿠, 오사카, 오키나와가 각각 다시마 통로의 특징 있는 길목이라는 것을 알 수 있다.

첫 번째 길목인 호쿠리쿠에서는 홋카이도의 다시마가 두껍고 단단하므로 이를 얇게 깎아 이용하는 방법을 생각하게 되었다. 이때 엽체에 칼집을 낸 다음 잘게 깎아내면 실과 같은 실 다시마가 만들어진다. 이것이 호쿠리쿠의 특산물이다. 이러한 제품을 중심으로 하여 다시마에 대한 애착심이 늘어나고 소비 증가로 연결되었을 것이다.

두 번째 길목인 오사카까지 가려면 수송비와 마진이 보태져서 값이 비싸지므로 많은 양의 다시마를 먹을 수가 없게 된다. 그리하여 간장에 조린 조림 다시마가 생겨났으며, 한두 조각으로 만족하는 식생활을 택하게 되었을 것이다.

마지막 길목인 오키나와로 가면 더욱더 많은 유통 경비가 요구되므로 다시마 자체가 값이 싸지 않으면 유통이 어렵다. 그래서 오키나와에는 잎이 얇고 맛과 품질이 떨어지는 하급품만이 보내지게 되었으며, 그 대신 조리 방법이 발달하였는데, 그 대표적인 요리가 바로 다시마 찜이다.

오키나와의 다시마 찜(이리찌)[2]

오키나와에서 출산, 결혼, 회갑, 고희 등의 잔치에 빠지지 않는 요리가 바로 이 다시마 찜이다. 다시마를 물로 씻은 후 채를 친다. 돼지고기 삼겹살과 곤약을 각각 데쳐 단책으로 길쭉하게 자른다. 어묵과 두부 튀김도 작게 자른다. 냄비에 간장, 설탕, 일본 맛술을 넣고 끓인 다음, 삼겹살과 곤약을 넣어 잠깐 끓이다가 다시 돼지고기 국물과 다시마를 넣고 40~60분 정도 약한 불에 끓인다. 마지막에 어묵과 두부튀김을 넣고 소금과 조미료로 간을 맞춘다. 한 번에 많은 양을 만들어 두고 몇 번이고 다시 끓이는 사이에 진한 맛이 나는 요리가 된다.

역시 오키나와에서 명절이나 잔치 때 나오는 또 하나의 요리인 다시마 쌈(공부마게)은 1cm 크기로 자른 새치다래나 다랑어를 다시마로 싸서 끓인

---

2 다시마 이리찌: 오키나와 지방의 요리. 잔치 때 반드시 나온다.

독특한 요리다.

또 구다카(久高)섬 지방에서 많이 잡히는 바다뱀으로 만든 요리에도 다시마가 이용된다. 훈제 바다뱀 2마리면 10인분의 요리가 된다. 먼저 바다뱀을 쌀겨를 묻힌 솔과 더운물로 깨끗이 씻은 다음 7㎝ 정도로 토막을 낸다. 냄비에 바다뱀과 알맞게 물을 넣어서 한번 끓인 다음 약한 불로 4시간 정도 다린다. 물이 1/3 정도로 되면 진한 수프가 된다. 이때 바다뱀의 뼈를 가려내고 다시 2시간 정도 끓인다. 여기에 다시 삶은 돼지족발과 다시마를 넣고 가다랑어 맛국물을 듬뿍 넣어 소금과 간장으로 간을 맞춘 후 다시 약한 불에 3시간 정도 달여 먹게 된다.

오키나와에는 이처럼 다시마를 이용한 독특한 향토 요리가 발달해 있다. 하급품 다시마라도 맛있게 먹을 수 있기 때문에 소비량이 많아지는 것은 당연하다.

중국의 다시마 요리

중국에도 오키나와와 비슷한 다시마 요리가 있었다. 다시마를 물에 불린 다음 돼지고기와 함께 볶아서 맛을 갖춘다. 또 칭다오의 한 가정에서는 설날 요리로 그믐날 밤에 볶음 다시마를 만든다.

연뿌리, 다시마, 닭고기, 생선, 고기, 배추를 각각 한 냄비에 넣는다. 이때 다시마는 지름 6㎝ 정도로 말아 실로 묶어 둔다. 마지막 파와 잘게 썬 생강을 넣고 간장, 소금, 설탕으로 맛을 내는데 이때 물 대신 소흥주(紹

興酒)라는 술을 쓰기도 한다. 먼저 센 불에 두 시간 정도 끓인 후, 약한 불에서 차분히 끓인다. 다 익으면 참기름을 약간 쳐서 향을 낸다.

이처럼 중국과 오키나와의 다시마 요리는 잎이 얇은 품종이나 미성숙 상태의 얇은 양식 다시마의 요리법으로는 가장 적합하다. 이처럼 엽체가 얇은 하급품 다시마를 써서 맛있는 요리를 만들어 낸다는 공통점이 있다.

식생활의 변화에 따라 일본의 다시마 요리법도 변해 갈 것이다. 그때는 지금과 같은 두터운 2년생 다시마가 아니고 1년생 양식 다시마가 주가 될 것이다. 그리고 벌써 규슈의 시마하라(島原)에서까지 다시마 양식이 되고 있으니, 일년생 양식 다시마의 소비량이 늘어나면 도쿄만이나 세토나이카이에서도 양식 다시마의 생산이 확산할 것은 확실하다.

해조의 역할(중국의 동향을 예로)

중국에서의 사망 원인은 1954~1959년에는 호흡기 질환이 최고였으며 급성 전염병, 결핵, 소화기계 질환, 심장병, 뇌졸중, 암 순이었고 뇌졸중의 사망률이 5~6%였다. 그러던 것이 1974~1978년에는 뇌졸중이 1위로 21~23%를 차지하고 있으며 심장병, 암, 호흡기 질환, 소화기계 질환, 결핵의 순으로 바뀌었고, 2위이던 급성전염병은 최하위로 큰 폭으로 줄어들었다.

여기서 고지마(小島, 1985) 씨의 시산(試算)을 인용하여 중국과 일본의 식량 사정의 추이를 살펴보기로 하자(〈그림 22〉 참조).

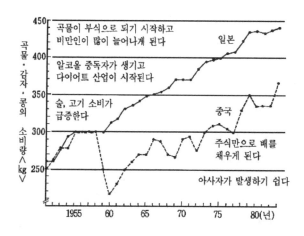

그림 22 | 일본과 중국의 일인당 연간 곡물 소비량 변동 추세(小島: 1985)

1931년에는 일본과 중국의 1인 1년당 식량 소비량이 250㎏ 정도로 비슷했고, 그것이 1955~1958년까지는 두 나라가 다 300㎏을 유지하고 있었다. 앞에서 든 중국의 사망 원인의 보기가 이 연대에 해당한다.

그 후 일본은 순조롭게 증가해 왔지만, 중국은 중소 분쟁에 따른 혼란 등으로 식량 사정이 나빠져 최저 상태에까지 떨어졌다가, 수십 년이 지난 후에야 겨우 300㎏으로 회복되었다. 사망 원인의 후자에 해당하는 연대가 이 무렵이다.

그 후 인민공사 제도가 정부 책임제로 개선되면서 식량 생산량이 급격하게 증가하여 1983년의 식량 총생산량은 3억 8728만 톤으로 증가했다. 이 양은 중국 건국 당시보다 4배가 증가한 것이다. 그 사이 인구도 2배나 증가했으므로 국민 1인당의 생산량은 약 80% 정도가 증가한 셈이다. 이

수준은 '육류와 주류의 소비량이 급증하는 선'을 넘어선 수준이다.

현재는 도시 지역에서 에어로빅(중국에서는 健美體操教室이라고 함)이 널리 유행하고 있다. 중국 부인들의 최대 관심사라면 역시 비만증이다. 베이징의 조사에 의하면 학령 전의 유아에서는 표준 체중의 5% 이상을 넘는 아이들이 36%이며, 소학생의 경우는 표준 체중을 20% 이상 초과하는 아동이 2~3%라고 한다. 또 성인의 경우는 표준보다 5% 이상을 초과하는 사람이 36%로 에어로빅 교실은 언제나 만원이라고 한다.

이러한 결과로 1978년경의 사망 원인 분포는 다시 변동되었다. 즉 동맥경화증, 심장병, 뇌 혈관종, 당뇨병, 담석, 고혈압증, 그리고 유방암, 장암이 높아지게 되었다. 이것은 거의 선진국과 같은 수준이다. 이렇게 된 최대 원인은 지방의 과잉 섭취를 들 수 있다. 가령 최근의 중국에서는 총 칼로리 양의 17~20%를 지질에서 취하고 있으며 특히 베이징에서는 26.4%나 된다. 이 비율은 1982년의 일본의 26.1%를 약간 웃도는 수치이다.

이와 같은 식생활의 향상, 특히 지방의 과잉 섭취가 비만을 불러일으켜 여러 가지 성인병을 증가시키고 있다. 중국에서는 지금 성인병의 증가 현상을 조금이라도 방지하기 위해 해조 이용에 관심을 가지게 되었다. 그러나 다시마와 미역은 일부 지역을 제외하면 중국의 식생활에 친숙해지기 어렵다고 한다. 그래서 중국 음식에 비교적 친숙해질 수 있고 또 양식에 의한 증산도 가능한 김 양식이 크게 늘고 있다.

일본의 현상은 중국보다 나빠지고 있다고 할 수 있다. 이 이상 나빠지는 것을 예방하고 개선하는 하나의 방법으로는 해조류를 더 많이 먹는 것이다. 그렇게 되면 성인병뿐만 아니라 어떤 종류의 암 발생도 예방할 수 있을 것이다. 물론 총 칼로리나 단백질, 지질, 탄수화물의 비율에도 유의할 필요가 있으나 미네랄과 비타민류의 균형을 잡고, 조화된 체질을 만들기 위해서도 끼니마다 어떤 종류이든 해조를 먹도록 배려해야 한다.

여기서는 김, 미역, 다시마에 대해서만 언급했지만, 이 밖에도 많은 해조류가 우리 식탁을 풍부하게 하고 있다. 톳은 매년 약 3,000톤이 소비되는데 유감스럽게도 약 60%를 한국에서 수입하고 있다. 또 홑파래는 '김조림'의 원료로 양식되고 있는데 연간 1,500톤 전후가 생산된다. 한천 원조의 하나인 꼬시래기는 일본에서 생산되는 전량이 식용으로 쓰이고 있다. 즉 생선회 밑깔개로 쓰이고 '해조 샐러드'로도 쓰인다. 꼬시래기는 홍조류며 흑갈색인데 알칼리 처리를 하면 녹색이 되어 구색이 잘 맞는다. 최근에는 어디를 가나 해조 샐러드가 잘 팔리고 있다. 미역, 꼬시래기와 함께 갈래곰보 등이 원료가 된다. 이 갈래곰보도 알칼리 처리를 하면 연한 녹색이 된다.

이 밖에도 식용이 되는 해조는 많다. 그러나 수확량이 적으면 한정된 지역의 이용물로 끝난다. 여행할 때 조금만 관심을 기울이면 생각지 못했던 해조류를 만나게 된다. 그리고 독특한 요리법에 의한 새로운 맛을 즐길 수도 있다. 이러한 지방의 전통 음식은 그 지방의 풍토에 맞고 건강에 무엇인가 도움이 되는 음식들일 것이다.

해조의 이용은 식용만이 아니다. 한천, 알긴산, 카라기닌 등의 추출 성분을 이용하는 비중도 매우 크다. 일본에서는 카라기닌의 생산량이 세계 총생산량의 5%, 알긴산은 10% 정도로 결코 많지는 않다. 그러나 이들 이용은 매우 다양하며 우리의 생활과 밀착되어 있다. 한천만은 약간 달라 세계 총생산량의 40%를 일본에서 생산하고 있다.

카라기닌의 원료로는 진두발무리와 유케마(Eucheuma)가 필리핀을 중심으로 양식되고 있으며, 절반 이상을 양식 유케마로 충당하고 있다. 이 원료는 앞으로도 계속 양식량이 증가할 전망이며 천연자원의 의존도는 떨어질 것으로 생각한다. 이와 같은 형태로 간다면 천연자원을 고갈시키는 일은 없을 것이다.

또, 알긴산 원조에서는 현재 엄격한 제한이 있어 수확량이 규제되고 있으므로 자원량이 그런대로 유지되고 있다. 그러나 한천 원조는 아무런 규제도 없이 방임된 실정이다. 늦게나마 한천 원조의 한 가지인 꼬시래기 양식이 시작 단계에 있음은 다행한 일이다.

해수에 가려져 있어 그 모습을 직접 보기 어려운 해조는 자칫하면 남획으로 자원이 고갈되기 쉽다. 이렇게 되면 바다의 생태계에 영향을 미치고 자연을 파괴하게 되는 위험까지 따른다. 따라서 필요한 원조량의 적어도 반 이상을 양식으로 생산하여 천연자원을 소중히 보호하는 것이 바람직하다.

또 해조류는 미용, 사료, 비료 등에도 이용하고 있으며 앞으로 이 분야의 발전도 클 것으로 기대되고 있다.

해조류는 이처럼 우리 가까이에 있으며 늘 이용되고 있다. 그리고 우리의 식생활 개선에 매우 큰 역할을 기대하고 있는데도 여러 가지 원인으로 해조류에 대한 인식이 희박한 것 같다.

우리 모두 건강과 미용을 위해 해조류와 좀 더 친숙해지고 관심을 가졌으면 하고 바래본다.

도서목록
- 현대과학신서 -

도서목록
- BLUE BACKS -